中国铁观音

深度解读传奇茶叶的内外世界

林荣溪　陈德进　著

华中科技大学出版社
http://www.hustp.com
中国·武汉

图书在版编目（CIP）数据

中国铁观音：深度解读传奇茶叶的内外世界/林荣溪，陈德进著. —武汉：华中科技大学出版社, 2019.1

ISBN 978-7-5680-4007-5

Ⅰ.①中… Ⅱ.①林… ②陈… Ⅲ.①茶文化-中国 Ⅳ.①TS971.21

中国版本图书馆CIP数据核字（2018）第186096号

中国铁观音——深度解读传奇茶叶的内外世界

Zhongguotieguanyin——Shendu Jiedu Chuanqi Chaye de Neiwai Shijie

林荣溪　陈德进　著

策划编辑：杨　静　夏　帆

责任编辑：夏　帆

封面设计：红杉林

责任校对：张会军

责任监印：朱　玢

出版发行：华中科技大学出版社（中国·武汉）　　　　电话：（027）81321913

武汉市东湖新技术开发区华工科技园　　　　邮编：430223

录　　排：华中科技大学惠友文印中心

印　　刷：中华商务联合印刷（广东）有限公司

开　　本：710mm×1000mm　1/16

印　　张：18

字　　数：212千字

版　　次：2019年1月第1版第1次印刷

定　　价：98.00元

序一

能以一叶之轻，牵众生之口者，唯茶是也。中国是茶的故乡，茶香延绵五千年，透露出甘醇而持久的芬芳。而闽南安溪，因优异的茶叶品种、独特的地理条件和精湛的加工技艺，孕育了闻名天下的铁观音，越来越受到国内外民众的喜爱。

安溪产茶，始于唐朝，发展于明清，兴盛于当代。千百年来，安溪人以茶立县，以茶为业，以茶行道。在长期的茶叶生产劳动中，聪慧的安溪茶人创出乌龙茶半发酵制作技艺，发明茶树扦插无性繁殖技术，发现并培育了品质优异的铁观音，不断刷新中国乃至世界茶业的历史。

今年是改革开放40周年，也是安溪铁观音蓬勃发展的第40年。回顾40年的历史，安溪人遵循不偏不倚的传统乌龙茶技，铸就精致的中国功夫茶，匠心细作，孕育出缕缕"兰花香、观音韵"，将乌龙茶品质发挥到极致，将铁观音产业推向高峰；近20万安溪茶商，走南闯北，以深厚的安溪茶文化为积淀，推介带动，在全球范围内，培育起数以亿计的安溪铁观音爱好者，创造近一千五百亿的安溪铁观音品牌价值，摘取全国第一产茶县九连冠的殊荣。

40年来，围绕安溪铁观音这棵天赐神树，安溪创造了诸多现代茶业发展的新经验、新模式。通过铁观音神州行，持续不断地推广这一品牌；通过改善茶园绿色生态环境，推广茶园绿色防控技术，构筑可追溯体系，使茶叶质量不断提升；通过建设茶庄园，使产业内涵外延叠加；通过举办大师赛，使安溪铁观音名人、名品得以显现。铁观音是我国优秀的茶树品种，传统名茶，具有特殊的品质风格和饮用价值，其品种之优、制作之精、品饮之雅、保健之强，彰显中国好茶魅力。《中国铁观音》一书是关于安溪铁观音的综合性著述，系统介绍了安溪铁观音的源起传承、种植管理、制作技法、品鉴流程、茶道茶艺、茗人历程、保健功效、安溪茶事茶俗以及茶叶品牌推广等知识。作者以独特的笔法和独到的视角，从安溪铁观音人文、风土、标准、功效等方面，多维度诠释了安溪茶人的匠心精神、科学态度和家乡情怀，彰显了安溪铁观音的"中国功夫、中庸之美、大慈大悲"的三大灵魂。本书是安溪铁观音及安溪茶文化的一次集中系统展示，是一本具有较强科学性、知识性、实用性、趣味性和可读性的茶叶科普与文化读物。

本书作者系当地资深茶人，既有专业的茶学背景，又有长期的实践经历，全书深入浅出，内容丰富。诸如"铁观音香从何处来？""喝铁观音好，好在哪里？""到安溪找铁观音，怎么找到自己想要的？"等爱茶人关注的问题，作者做了详实地解读；全书既能够站位产业学识的高度，又让人在轻松的"闽南味"语言中，在丰富直观的安溪山水风情图片中，完成一次具有文化意味的"品鉴安溪铁观音"之旅。

我相信，该书的出版，对广大茶人深入了解安溪铁观音、喜爱安溪铁观音、购买正宗好茶、从事茶叶生产和营销等，都将起到很大的帮助作用；对安溪铁观音和安溪茶文化的传播，对安溪乃至中国茶产业的发展，亦可提供学习和思考的空间。

是为序。

陈宗懋

二〇一八年八月

（陈宗懋，中国工程院院士，中国茶叶学会名誉理事长。）

序二

到过安溪，不能不为安溪铁观音迷醉；拍过安溪铁观音，不能不被博大精深的安溪茶文化倾倒。在闽南安溪，铁观音既是"柴米油盐酱醋茶"的茶，是生活必需，须臾离不得左右，也是"琴棋书画诗酒茶"的茶，是情趣所至，能品出人生况味。《中国铁观音》一书展示的，就是铁观音的魅力所在、爱茶人的心魂所系、老茶人的日夜所思。

茶乡安溪，居山近海，经纬独特，有煌煌近三千座千米高峰耸峙，有潺潺溪涧奔流交错成网。山水坡地间，风光胜美，百茶丛生。安溪人善种茶、制茶，千年以前，就以茶立县，一瓯茶香，洋溢悠远，乃至一棵铁观音横空出世，让安溪这片神奇的土地，独具魅力，倍绽精彩。铁观音几乎成为安溪的代名词。层层叠翠的茶山，树树昂扬的铁观音，夯铸"全国第一产茶县"的巍巍高度。

到过安溪，从最繁华的城市，到最偏远的乡村，平常的一句"蛱蝶啊——"（安溪话"吃茶"），让异乡人温暖到心底。浓浓的乡音伴着茶香，飘洋过海，沿漫漫海上丝绸之路，氤氲到中国台湾，到南洋，到欧罗巴，驻扎在英吉利，渐成为回甘悠长、众口一词的"tea"。

在东南亚、中国台湾一带，有着达300万的安溪人群体，他们常怀家乡情，常喝家乡铁观音。而在国内，改革开放以来，有20万安溪人乘着这一股春风，把安溪铁观音带到全国各大中茶市，创下"无铁不成店，无安不成市"的茶界神话。百年来，一代又一代安溪人铺陈出了铁观音的国际化视野和全球布局，令铁观音成为中国茶产业海外发展的标杆，更使铁观音成为中国传统文化自信的有机载体。

中国茶文化博大精深，绵延五千年。源于我对中国茶文化的笃爱，我策划制作的中央电视台《茶叶之路》《茶界中国》等大型系列纪录片，在海内外影响颇大。而安溪铁观音，是中华茶叶大家族的佼佼者，一部安溪铁观音的历史，就是一部安溪人长达四个世纪的奋斗史。这里的子民世世代代细心呵护着这片树叶，匠心劳作，传承发展，享誉寰球。《中国铁观音》的作者，生于斯长于斯，十分熟悉这块热土上的风土人情，详实而生动地诠释了安溪铁观音的灵魂，仔细阅读本书，犹如观赏了一部大型纪录片。

所以说，打开《中国铁观音》这本书，总能让人不由自主地跟着作者，带着探索发现的心，带着幽雅从容的情，带着恬静洒脱的韵，抵达安溪"现场"，寻味到安溪铁观音最本真的香韵。在文化中品味茶韵，在茶香中感受文化，阅读《中国铁观音》的过程，也就成为了品味生活的一部分。

谨为序。

二〇一八年八月

（黄灿红，中央电视台科教频道《探索发现》总策划人，中央电视台《茶叶之路》《茶界中国》等大型纪录片策划制作人。）

目录

第一章

茶源：不偏不倚，中庸之美

安溪是乌龙茶的发源地，也是铁观音的原产地。史料记载，唐末宋初，安溪就已经种茶制茶，距今已经有一千多年的历史。宋《清水岩志》记载："清水高峰，出云吐雾，寺僧植茶，饱山岚之气，沐日月之精，得烟雾之霭，食之饥，疗百病。老寮等处属人家清香之味不及也。鬼空口有宋植二、三株，其味允香，其功益大，饮之不觉两腋风生，倘遇陆羽将以补茶焉。"至今，不仅各地有关茶叶历史、档案、文献等有记载，在安溪感德、剑斗、湖上、西坪等地，都可以查阅到有关安溪茶叶悠久历史的资料。

　　时光流转到十八世纪二三十年代，上天恩赐给这块土地一棵神奇的植物，在长达300年的变迁中，铁观音表现出强大的生命力，吐露出持久的芬芳，挑战着人类的味蕾，改变着人们的生活方式。

　　千峰叠翠，云雾缭绕；田园沐歌，四海飘香。让我们一起回望铁观音生生不息的历史吧！

①

从来两说，并无之争

泡茶，话仙。在闽南安溪，因着这茶水的浇灌，连山水都带着些许禅意。外来的初到之人往往艳羡不已。

从繁华城区，到僻陋山野，几乎所有男女老幼，都能使出一套中国功夫，用地道香韵的茶水招待来客，袅袅茶香，让来者在温软的闽南普通话里，恍惚错觉"此心安处是吾乡"。

大多数闽南安溪人，对家族渊源都能道一二，"我祖自中原河南，一路迁徙而来……"伫立在安溪的任何一块土地上，举目四望，各家门楣之上多镌石标记，颖川、西河、九牧等衍派，十分醒目。

　　中华茶脉，流淌上下五千年。闽南安溪先人自中原故土，播迁至安溪大地，在遍野茶树丛中，发现并培育了诸多当家茗种，将它们纷纷扦插到神州各茶区，自此茗贵八方。而其中的铁观音，与安溪自始至终水乳交融，互为代名词，而韵享天下。

　　可以说，一棵茶——一棵铁观音茶树，一杯茶——一杯淋漓观音韵的茶水，不仅让闽南安溪人认识了来路，还找到了远方。如今，在安溪这片土地上，在不同姓氏族群的融合中，依然可以很真切地感受到中华文化的千年浸润。

　　安溪人待客一杯茶。当地人惯用不偏不倚的处世原则，热情接待八方客人，化诸事于无形，在骨子里，在不知不觉间，延续着一脉源自中原文明的传统家风。

　　而安溪人杯中的这片茶叶，就是铁观音。安溪西坪，在中国南方以南，面积145.5平方公里。南山、北山、大宝山、羊角尖等百座千米山峰列坐其次，把精巧错落的镇区，牢牢地握在掌心。道道溪流细瘦劲道，在山谷间奔泻不息，不断腾跃合聚，最后汇入淼淼泉州湾。

在西坪各姓中，流传着这样的俗语："一山有四季""十里不同天""高一丈，不一样""隔山不同风，同时不同雨"。诸如"山高峰险""云蒸霞蔚""风云变幻"此类成语，几乎可以说是为西坪"量身定做"的。这样的地域条件，按理说是不适合人们居住的，却很适合茶树的生长。

很多年前，王家和魏家的先祖，从河南光州固始县，自北而南，一路迁徙，最后落户到西坪。他们可能想象不到，子孙后代会打拼下怎样富有磅礴气度的家业。

在西坪当地的山麓上，打东北边一点叫尧阳的村落里，住着王家；打

● 安溪铁观音发源地——皇帝赐名说

西南边一点叫松岩的村落里，住着魏家。南北两姓，往来嫁娶，在相当长的时光里保持着和睦。但就因为对一棵神奇茶树的出生位置、出身情况、命名方式等意见相左，两家长老开始了长达数百年的争论。两家人都虔诚地相信，这一棵宝贝茶树一定是长在自己家门口。他们都渴望这一树茶味，离自己更近点。

用国家级"非遗"乌龙茶安溪铁观音制作技艺代表性传承人、八马茶业掌门人王文礼的话说，是他们祖上的读书人将经过精心炒制的茶叶辗转献给皇帝，又通过当时最高权威人士的口里做了最好的宣传，才让这棵茶树为天下人所熟知。

在尧阳南山头上一处幽静的书轩里，王家人挂着发现了神树的先祖——王士让的画像。画像之下摆着一系列佐证物品。在书轩一侧，高耸的花岗岩牌坊方正气派，环绕围护着正中间的一棵茶树，在阳光的沐浴下，那茶树格外醒目而茁壮。一批批的游客，沿着蜿蜒山道接踵而至，都是为了这一树神圣之茶而来。

太多的争执使得这一棵茶树从被发现开始，就肩负了从未有过的光荣，以及使命。在王家人眼里，这棵被尊称为母树的铁观音是那个叫王士让的士子在读书之余闲游南山坡地时，于乱石缝间一眼识中，并将之移栽至书轩南圃的。王士让以一个读书人的细腻兼爱茶人的专业，对其悉心培育照护，终日陪伴。

王士让可谓慧眼识珠。日臻成熟的乌龙茶制作技艺，让这一棵茶树茂发出来的嫩绿枝叶，在千回百转的手工晒摇摊炒下，绽放出惊艳当地大批读书人的滋味。那是一种从未有过的味道，让读书人在一瓯金黄的汤色中，找到了从未有过的茶香力量。

● 安溪西坪尧阳茶山

中华茶承千年，茫茫山野之中的闽南安溪，何其有幸能拥有如此醇厚的滋味？读书人自然不敢独享，于是将做出来的茶叶，细心包扎，转赠恩师方望溪。

纸包不住火，也是包不住香的。方望溪很清楚那一份纸包的芽叶的珍贵程度。方望溪不敢有丝毫怠慢，他在为数不多的茶叶之中，取出少之又少的颗粒，反复品鉴，再次确定其乃稀世珍品后，才悉数进贡内廷。

当朝乾隆皇帝在全国各地上贡的奇珍异宝当中，很快就闻到了源自那一包茶叶的非同寻常的香韵，便着人拆包认茶。茶叶颗粒厚重，乌润结实，沉重如铁，入壶中铿锵而有余音，故被赐名"铁观音"。

这个美好的故事在南山头周围代代相传。而王文礼的表哥、新加坡茶茶叶出入口商公会会长——魏荣南，更愿意相信是他的先祖满心虔诚，获神仙指引，梦境化真，才有了今天的天赐神树。一个世纪前，魏荣南的曾祖父在新加坡开设了茂苑茶庄，带去了好茶，也带去了茶的故事。

跟魏荣南看法一致，国家级"非遗"乌龙茶安溪铁观音制作技艺代表性传承人、魏荫第九代孙——魏月德，相信这是个神明引路获茶的故事：铁观音来自清雍正年间魏家先祖、松岩茶农魏荫的手里。

魏荫爱种茶、爱制茶，对一方山水神明很是虔诚，特别信奉观音菩萨，每日都要在菩萨神龛面前敬清茶一杯，几十年如一日，从未中断过。

有一天夜里，魏荫入梦，不知不觉来到了平日劳作的松林头，只见一道山涧形成的小瀑布之上，有一株茶树，树丛出落得特别秀气娇贵，而且枝叶还散发着别样的芬芳，相当奇特。第二天，老茶农魏荫早早起来，脚步不自觉地循着梦中所见的山间小路迈去。

在小溪侧畔，果然有一株神奇的茶树。魏荫见状，果断将茶树挖起

　——深度解读传奇茶叶的内外世界

来，带回家里，又搬出一口露了底的铁锅，培满红壤土，对它呵护有加。待到茶树成丛，采下鲜嫩芽叶，耐心地摇，精心地炒，用心地揉，用毕生所学的乌龙茶制作技法潜心制作。

魏荫在家中刚制好茶，村里的乡亲有的闻着香味赶来，有的打探而来，大家都想一品这不知名的好茶味。闻着香，抿在嘴里更香。好茶应该有个好茶名，众人七嘴八舌，没人能想得出跟这泡茶的优雅气质相符合的茶名。

后来，魏荫跑去请教当地的私塾教师。"茶种在铁鼎中，又是观音菩萨点化而来……"私塾教师根据魏荫的描述，建议就

● 安溪铁观音发源地——观音托梦说

● 安溪铁观音发源地——观音托梦说（魏荫祖祠）

叫铁观音。乡亲纷纷附和，你一言我一语，口耳相传，将"铁观音"之名不断传扬开去……

今天的松林头，已成为一处遍是茶香人家的好风景。在发现铁观音母树的地点，魏家人重新移种铁观音，并在一旁的溪岸巨石上凿出魏荫品茶的石像。石像上方立有土地龛供奉土地爷，在茶园坡地上，则高高耸立起闽南常见的观音菩萨石像。千百年不断线的瀑布哗哗流动，从更远一些、更高一些的观音山上汇聚而来，孕育出来一棵好茶，淘出几段佳话，然后冲下山谷，悠然远去。

三百多年来，关于铁观音的起源，双方各执一词。王家坚持"文人献茶，乾隆赐名"，魏家则始终认为是"观音托梦，魏荫传茶"。这两种说法随着铁观音香韵的荡开，在爱茶人的瓯杯之间，广泛流传，成为人们揭开铁观音神秘面纱的"打开方式"之一。

　——深度解读传奇茶叶的内外世界

鉴于两家说辞在茶人之中形成的广泛影响，《中国茶经》《福建乌龙茶》以及1994年出版的《安溪县志》，把铁观音的起源"王魏两说"进行了一番整理，一并收录，以便喜欢寻源问根的人们查阅。

　　事实上，王魏两说的"争端"在当地并没有给两家人造成隔阂，年轻人该结亲的还是结亲，年长一点的就坐到一张八仙桌前，一起泡泡茶、话话仙。因为他们都明白，如今人们一致赞同，世界名茶铁观音的发源地就是在安溪，就是在西坪。

　　倒是这一棵铁观音，以皇帝、观音的名义，声名传出四乡八里，出村出镇，出县出市，直至海内外，到最后传遍了五大洲。以至于今日，有相当多的国内外人士都会把安溪和铁观音紧密相连。一说到安溪，就知道那里有棵茶树，叫铁观音，而提到铁观音，人们就自然而然地联想到那一方"小溪煮山、四季飘香"的山水佳境。

● 西坪茶禅寺

②

在功夫的舞动中，
碰撞新味

铁观音算是千载难得的珍稀茗种，要让一枚小小的芽叶绽放出香韵来，需要特别复杂的制作技巧。说起铁观音的制作功夫，就要溯源到闽南安溪的一位猎人"将军"身上。

这位将军的沙场是他家背后的深山老林，他的敌人不过是野猪、山兔、山獐什么的。将军的武器也不是刀戟棍棒，而是弓和箭。将军是普通猎户人家出身，没有显赫家世，更谈不上什么了不起的战功。但是，这并不妨碍将军名垂中国茶史。

将军以打猎为生，吃完肉喝完酒，还爱喝茶。爱喝茶的将军，自己也

　——深度解读传奇茶叶的内外世界

● 安溪县西坪镇的代天府

会做茶。有时不打猎，他会背上竹茶篓，去采些鲜嫩茶叶，做好干茶，待到吃完肉，喝完酒，就和乡里乡亲一起喝茶。

像往常一样，那天，将军背着茶篓和弓箭上了山坡。在一处山麓，将军细细地采起了新鲜得可以溢出汁液的茶叶。

突然一只美丽的山獐出现在了茶树间，诱惑了将军的眼睛。将军暂停指尖上的劳作，取出弓箭，对准了獐。他失手了，但惊吓的猎物没跑出多远。将军的腿脚一迈开，自然是健步如飞的，背后的茶叶自然是跟着欢快跳动的。就这样，摇摇晃晃地追出了一片山野，又追出了一片山野。山獐，终究跌落在将军的力量和箭矢之下。

将军回到家里，一放下茶篓，三下五除二，就将山獐变成桌上的美味。他拎出美酒，呼朋引伴。大家像往常一样，围坐一桌，分享着收获的快感，然后，痛快地醉倒睡去。

次日大早，将军醒来。确切地说，他是被一阵阵香气激醒的。一个鲤鱼打挺起身，将军径直来到茶婆的跟前。凭多年的制茶、饮茶的经验，他敏锐地感到必须立即炒了这些已经变色的茶叶。起柴火、架铁锅，左手右手紧握木制锅铲，敏捷翻动。

从未有过的味道，让整个山村都溢满了香味。将军炒好了茶，叫来了他那一大帮乡亲好友。大家嘴上喝茶、说茶、论茶，向将军讨教这空气中茶香来源的秘密。

将军回忆自己追捕猎物的一路摇晃，恍然大悟，原来，这茶香，是摇出来的。茶要摇好，必须摊开一会儿。茶要摊好，那必须晒一会儿。茶要留好香，下锅炒，要准一点儿、快一点儿……将军不断摸索着这么一泡好茶的由来，并把领悟到的秘密，一一教给乡亲好友。

　　将军的制茶技艺，一传十，十传百，变成方圆百里皆知的秘密。将军原名叫苏良，生于1440年，卒于1515年，因为人长得又黑又壮，身边乡亲好友叫他"黑将军"。在闽南话中，良和龙同音，黑和乌同音，他做出来的茶又是乌黑色。

　　要知道，将军生活在闽南地带，闽南话中的乌龙茶，比苏龙（良）茶叫起来更顺溜。像击鼓传花游戏那样，苏龙（良）茶活生生地被传成了"乌龙茶"。于是，将军的乌龙茶，作为中华六大茶类之一的青茶，被载入茶史，并带出一个茗香天下的乌龙茶大家族……

　　打猎将军的家就在西坪南岩山麓，人们为了纪念将军的恩惠以及功绩，就在南岩山上建起了打猎将军庙，用上好的檀香雕刻了将军像。打猎将军的奇遇，从明末清初就在安溪当地传出来，将军的神庙和雕像也从此

●西坪南岩

崛起在安溪大地上，供万千爱茶人前来瞻仰、朝拜。

将军制作出来的乌龙茶，又称青茶，是中国六大茶类中年轻的一员，是最具东方色彩、个性鲜明的茶类。民国《建瓯县志》载：乌龙茶厚而色浓，味重而远，凡高旷之地，种植皆宜，其种传自泉州安溪县。《福建之茶》（存于福建省图书馆）（1941年）唐永基、魏德端书（三、青茶，P28）载，闽北青茶中尚有乌龙一种，相传百余年前，有安溪人姓苏名龙者，移植安溪茶种于建宁府，繁殖甚广。中国茶界唯一的院士陈宗懋在其主编的《中国茶经》中也有这样的记载："闽南是乌龙茶的发源地，由此传入闽北、广东和台湾。"

历代安溪茶人用精湛的乌龙茶制作技艺研制出包括铁观音在内的众多茶品，同时不断北上南下，四处扩张茶脉，传香播韵。翻开诸多史册，可以洞见安溪人是怎么走出一条芬芳千万里的茶香路径的。

●台湾木栅铁观音·猫空

　　1896年，安溪大坪人张乃妙将安溪铁观音茶苗引进台湾，在木栅区樟湖山种植获得成功，被台湾聘为台岛茶叶"巡回大师"，他广泛研究、传授茶技，开创了台湾木栅铁观音的辉煌历史。如今，木栅茶园被列入台湾观光农业板块，见证着两岸无法割舍的茶脉情缘，也让乌龙茶技传播不息。

　　"青茶原产地，流传达四方。东渡传乌龙，西移藏佛手。南下播水仙，北上创奇种。愈来愈兴旺，香味溢五洲。"世界农业科技名人、我国茶界泰斗、著名茶学专家、六大茶类科学分类提出者陈椽教授，1987年来到乌龙茶发源地安溪时，用诗歌这种简练明了的形式描绘了安溪广泛传播乌龙茶的历史情境。

③

南方雪下，
铁观音逆光生长

雪之于南方，更多时候是奢侈的。所以，民谣歌手马頔的歌曲《南山南》唱的"你在南方的艳阳里大雪纷飞"给了盼雪的南方人很大的想象空间。南方是有雪的，只不过常常像蛋糕上的奶油一样，或多或少地抹在突兀而起的山峰上。就在2015年1月份，老天爷总算来了兴致，在安溪高海拔地区，做出了一个个茶山"蛋糕"，惹得不少当地人疯狂地追逐。

那一场对北方人而言微不足道的雪，落在了西坪、感德、龙涓、祥华、长坑等山峰坡地的高山铁观音茶园上，一如细腻的工笔画，给密匝的铁观音茶叶片，披上一件毛茸茸的白裘。当时有很多当地的摄影爱好者，争先恐后地赶往安溪各处高山茶园，定格这难得的茶园雪景，储存这难得的时光记忆。

这样的场景，对于报道这一事件的《海峡都市报》记者赵晶来说，着实俏皮可爱。她还援引了一首名为《铁骨傲霜》的茶诗，来给报道渲染狂欢色彩：最柔弱的芽叶也可以撑起最坚硬的骨头/这是安溪铁观音最为朴素的辩证法/在山海之城安溪/一场场风雪，或大或小/常要在花月轮回间/突然踹门造访/肆意搜刮最后的温暖/而每一次霜雪莅临/座座海拔超千米的大小山峰上/棵棵苍翠茶树都会身披银盔/组成浩荡方阵/以最优雅最庄严的礼仪/回应大自然的无情洗礼。

关于这场微小的落雪造成的影响，安溪县农茶局茶叶站站长杨文俪在当时的报纸上给出了专业人士的解答。在她看来，铁观音是一种相对耐寒的植物，低温气候是打击不了铁观音向上生长的勇气的，反而能转化为激励力量，让香韵更醇厚。

安溪3057.28平方公里的热土之上，立地是山，开门见山，城厢笔架山、官桥驷马山、芦田紫云山、祥华佛耳山、长坑同发山、蓝田朝天山、感德与福田云中山……千米以上山峰2934座，处处山坡都是茶树生长的良好环境。

现代科学从宏观与微观层面分析了安溪这片土地，同时解读了一大串

●安溪千米以上的山峰近3000座

属于这块土地特质的专业数据：在"北纬24° 50′ ~25° 26′，东经117° 36′ ~118° 17′"之间的地带，常年的平均气温总是徘徊在16 ℃~21 ℃之间，年降雨量达到1800 mm，相对湿度在80%以上，土壤属于微酸性、pH4.5~6.5的红壤或砂质红壤……在历代安溪县志的记载中，这样的山野坡地是"不宜稻菽"的，但恰是众多茶树自由生长的乐园，也成就了安溪作为国家级茶树良种宝库的美名。

但如果雪下到跟北方常见的大雪一样的时候，情况是不是就发生了变化？安溪县委宣传部副部长谢文哲先生格外关注安溪这块土地上的一切，当然也包括安溪县志里记载的历史上几场大雪。安溪曾经下过的大雪不足10次，而其中的5次居然都集中在了1720~1728年间。

那么问题来了，铁观音的诞生是不是跟突然造访而又密集而至的这几场大雪有关系呢？谢文哲先生对安溪大地的事情可谓是如数家珍，他从气象学的角度提出，从1720年到1728年是安溪气候史上非常值得注意的时间刻度。

为此，他还进行了一番有意义的推断。

十八世纪二三十年代的冬季跟以往相比似乎有些反常，一场场的大雪不期而至，落在安溪大地上，天地间一片白茫茫。不曾经历极寒气候的先民们还不懂得如何应对这一场场雪灾。他们只能眼睁睁地看着大雪狂虐，肆意冻坏山坡上一垄垄的茶树而束手无策。

然而，勤劳的先民们是不甘心茶园被荒废的。雪灾过后，他们马上投入劳作，在自家房前屋后、山前山后，甚至更远一点的峰麓山巅，到处寻找未被冻毁的茶树苗，补充茶园的空缺处。让人意想不到的是，那些"替补"的未冻毁茶树，完成了一次华丽的逆袭。

这样的推断不无道理。长期从事安溪铁观音科研事业的福建农林大学安溪茶学院院长林金科教授指出，在自然界中，茶树属于天然杂交种，在茶树的授粉受精期间，密集的非常气候会对其产生严重影响。不论是什么物种，在逆境中崛起的概率，大约是万分之三。而安溪下大雪的记载时间恰好与铁观音父本母本茶树授粉受精的时期相吻合。

2016年9月，《福建农业学报》发布福建农林大学博士生导师孙威江教授主持的国家、省茶树种质资源保护项目《铁观音及黄棪半同胞系种质遗传多样性的ISSR分析》的研究论文。孙教授致力于分析不同地区铁观音茶树的适应性减退、抗逆性减弱、产量降低以及芽叶颜色、叶片性状、树姿等表观农艺性状发生的变化，并从遗传的角度，来剖析铁观音发展变化的情况。

孙教授的团队采集了10份铁观音茶树样本，进行了一番"亲子鉴

● 2015年1月，安溪下了一场罕见的大雪

　　　——深度解读传奇茶叶的内外世界

定"。研究结果表明，不同产地铁观音茶树的基因标记显示出极其微小的差异，种植的环境、气候条件和管理措施上的差异并未引起铁观音茶树的种性发生根本性变化。也就是说，在经历过近300年前那场浩劫之后，铁观音这一树种基因就稳定下来，没有发生大的改变。走在安溪任一处茶园，便能感受到铁观音茶树依旧还是那棵茶树，是安溪先民留下来的强大基因和精神财富。

● 山麓间茁壮成长的铁观音

是的，那些茶树在无人管护的情况下，在与雪灾的搏斗中顽强地存活下来了。

先前，种茶经验丰富、喝茶功底深厚且善于发现的茶人茶农，比如王士让，比如魏荫，发现并培育了良种。而今在安溪，随便一位茶农，谈到铁观音的来源以及观音韵的形成，都会讲到好茶源于"天地人种"。应该说，所有的物产，都是"天地人种"的结晶。物竞天择，适者生存，这是达尔文进化论的核心思想之一。安溪铁观音，作为雪灾之后的幸存者，挺立着身姿，让淳朴而执着的安溪茶人于万千茶树里找到自己，与乌龙茶制作技艺完美结合，在偶然与必然之间，绽放出最独特的茶韵。

④

一山一味，
味味是传奇

"这是感德大岭的烟熏味，这是南崎的红菇韵，这是发源地南山头的味道！"在安溪铁观音各大产区的村落里，经常能听到热情好客的安溪茶农操着浓厚口音的"闽南普通话"，招呼泡茶。

地球上任何一个人类家族的个体成员，往往会由于社会变迁、环境变化、人口迁徙、受教育程度不同，而形成千差万别的个性，组成丰富多彩的人间世界。同样的，铁观音生长区域的差异，阳光、空气、水分的多少，以及茶农对技艺把控的差别，会使瓯杯之中铁观音的香与韵，表现出不同的风格来，诠释着同与不同的辩证法。从西坪发源地，铁观音被分植到安溪二十四乡镇，被更多茶农种植在各具特色的山间坡地上，形成不同风格的"山头味"。

很多年前，铁观音沿着往北的路线，传乡过镇，流香播韵，在安溪感德大岭山地带落户，被种植在当地一个叫茶芯崙的地方。此后，每年产茶季节尚未到来，各路各地的茶商就早早把款项打到了当地茶农的账户里，竞相订购茶芯崙铁观音茶叶。一旦茶园开始进入采摘季节，往往是茶叶还没来得及炒制完成，就有一群茶商"堵"在家中，准备"抢茶"，等待"瓜分"香韵扑鼻的好茶……

茶芯崙的铁观音鲜爽高香，带着一缕被当地人称作是"烟熏韵"的神秘滋味，那是类似于收割完稻子，焚烧稻草时散发出的清新韵味。对此，长期从事土壤环境研究的专家，给出了这样的解释：大岭山处在安溪四大花岗岩板块交界处，千万年前地壳运动、火山喷发，灾难性的破坏之后，

●2015年1月，安溪县感德镇的茶山雪景

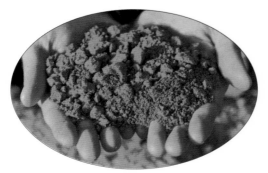

●适合铁观音生长的红壤

留下了肥沃的火山岩母质，作为自然造山运动的最佳馈赠。加之大岭山茶芯嵛一带的茶树处于向阳的山北坡地，阳光照射时间长，光合作用强，茶树生长健壮，根系发达，能够充分吸收火山岩的各种营养元素，这才形成了独一无二、令人趋之若鹜的"烟熏韵"。

在南边，铁观音扎根到龙涓乡后田村的角落——一个叫南崎的偏远小村庄，在那里制造出了更精彩的传奇出来。二十几年前，小轿车在安溪县城刚刚开始出现。有一天，几个皮肤略显黝黑、衣着朴素的小伙子走进安溪县城一家车行，围着展示台上20多万的新车，来回瞻顾，这让导购小姐不耐烦地下了逐客令："不买不要影响我们做生意！"一位小伙子小声回应："要买，你们有几部？"导购小姐鄙夷地问："你们要几部？"小伙子还是很小声地回应："十几部吧……"导购小姐顿感喜从天降，热情详尽地讲解了按揭购车的全部程序与手续。等她滔滔不绝地介绍完，听到的是一句小心翼翼但让她目瞪口呆的话，"用现金不行吗？"

这些小伙子，就来自南崎村。他们回家，要从安溪县城到龙涓乡，一路爬坡，经由镇区，再沿蜿蜒山路进入后田村。在往上的森林茂密处，刚修了通村公路，他们就盘算起买车的事情。在南崎自然村，总共有19户人家近百人，仅仅一季秋茶，家家户户收入都超过五十万元，有的超过百万元。茶忙时节，经常会看到龙涓信用社的工作人员跟着押钞车，来此收储运载大量现金。几年间，南崎的茶农们不仅购了车，在村里建洋房、别墅，还到安溪、泉州、厦门等地添置房产。

这是一棵茶树的贡献，茶商们常常自叹。南崎一带的铁观音，回甘强，客户很喜欢。南崎人根据当地出产珍稀野山菌红菇的地形山势，总结出南崎铁观音的滋味应该归功于其特有的"红菇韵"。

祥华佛耳山，是安溪首任县令詹敦仁隐居的地方。詹敦仁爱茶，也爱代言茶，在当地留下的不少茶诗至今仍旧洋溢着浓浓茶韵。詹敦仁这一喜好引发了各路名士的访茶热情，并且一"发酵"就是上千年。登佛耳，品茶香，已成为当地人每年八月十五的习俗。这也激励了当地茶农下功夫比拼好茶。当地包括佛耳山在内，鹤顶峰、壁岩山、太湖山等八峰玉峙，特别具备"朝雾夕岚、温和湿润、泉甘土赤"的种茶环境。随着铁观音的传播入境，这里茗香远扬，不仅吸引茶客重金求购，也招来盗匪眼馋前来抢掠，为此，当地建立了王家寨、新寨、旧寨等土堡，以求安生。

● 佛耳山茶园

幸得今逢太平盛世，茶农们可以放手做好茶。改革开放之后，铁观音茶业兴盛。从1995年到2004年近10年时间里，县级茶王赛上问鼎茶王的，祥华乡的茶人就有十多位。茶王坐上茶王轿，穿街过桥，写下了当地人津津乐道的"一乡十茶王"的传奇。

　　西坪南山尖因发源了铁观音而名扬天下。从山南到水北，从大岭山到石门尖，再到石钟山、高鼎岩，再到鹤顶峰、吾岩山等，在安溪三千平方公里的大地上，近三千座巍巍高峰之间，安溪铁观音不仅落地成宝，还引领着各大茶类，书写着这样或那样的瑰丽茶香故事，演绎着一瓯茶韵的种种传奇。

　　走在安溪知名或不知名的山头坡地，处处皆茶，众茶皆宝。与南山相

对千万年的北山，因茶树品种繁多，被称为安溪茶叶品种的"博览园"。大红、白茶、早乌龙、早奇兰4个品种均原产于安溪，主要分布在西坪北山龙地、龙坪、柏叶、柏溪4个村庄。茶树良种奇兰发源于西坪，又衍变成黄芽奇兰、白芽奇兰、慢芽奇兰、青心奇兰、金面奇兰等不同品种。

一批批的茶人们着迷于研究安溪宝贵的茶叶品种。那些已认定良种的，和那些未认定的、未被发现的茶种，各自自由生长在安溪大地的山间角落，形成一张有3000座千米山峰的藏宝图，被痴茶爱茶的茶人专家们追逐、期许。

在南山尖的尧阳村，一座像极了布达拉宫的月寨边侧，生长着一棵被称为"观音弟弟"的本山母树。根据民国二十六年知名茶人庄灿彰所撰的

●茶山叠翠（安溪西坪）

《安溪茶业调查》，1870年在安溪发现了这一株茶树。1985年，在全国茶树良种审定会上，此树被认定为全国良种。本山与铁观音虽是"近亲"，但相比铁观音，这位本山弟弟显得更努力一些，更"吃苦耐劳"，更适应各种自然环境。受到这棵奇异茶树的启发，茶树的发现者就在本山母树所生长的小山包顶上，根据月形山势，修筑了一道雄伟景观，就是如今的月寨。

再往西些，进入虎邱罗岩的湖尾山，是铁观音的"兄弟"茶树——黄棪的诞生地。黄棪，又名黄旦，商品名黄金桂。当地人说起黄金桂这个名称，都会趣称那是"出口转内销"的成果。黄金桂最大的特点在于香气。

●剑斗镇仙荣村古茶树

——深度解读传奇茶叶的内外世界

●茶乡人家（安溪县龙涓乡南崎村）

每到茶叶出产季节，整个罗岩区域，包括如今的双都、美庄、罗岩等行政村地带，空气中都弥漫着浓浓的桂花香气，让人陡生好感，被称为"透天香"。

黄金桂以"透天香"征服茶人的味蕾，当地林氏一脉凭借这一宝贝茶树，由安溪向漳州、厦门，由汕头向深圳，由深圳向香港、澳门、台湾，至海外，不断向外扩张售茶市场。黄金桂甫一在新加坡和马来西亚等东南亚各国露面，便引来华侨争相购买，一时供不应求。于是，坊间不断传言黄棪比黄金还要贵，原本的"黄棪"名称，也就被说成了如今的"黄金桂"。

从罗岩区域翻山过岭，即是大坪的马峰山，是毛蟹的原产地。未了解毛蟹的人，可能以为那是溪河里的一种毛绒绒的小动物。而事情的真相是这样的：清朝光绪三十三年，大坪乡萍洲村茶农张协外出买布时，路过福美村大丘仑茶农高响家，听闻有一种茶易植高产，遂带回栽种。

张协带回来的茶叶跟铁观音等品种不一样。"头大尾尖，叶背多白色茸毛，叶张圆小，锯齿深、密、锐，而且向下钩"，外形很像大坪大坝溪里的毛蟹，而且制作这款茶时，毛绒绒的小毛常常纷飞不已，张协干脆称这款茶为"毛蟹"。作为安溪当家品种之一的毛蟹，适用于制作乌龙茶，还可制红、绿茶，很受茶农的欢迎。而不少茶企还与康师傅、娃哈哈、统一、农夫山泉等大品牌合作，提供茶饮制作原料，行销全球。

除了毛蟹香传天下之外，大坪马峰山脉还特产安溪肉桂、乌棪等多样名茶，值得爱茶人一探。当地萍州村所产的大坪肉桂与武夷岩茶中的"肉桂"同种不同工。大坪肉桂干茶有姜味，入口醇厚回甘，咽后齿颊留香，喉底生津，特别在防治咽喉炎方面有神奇的药用功效，在中华全国供销合作总社杭州茶叶研究院发布的《颖昌牌安溪肉桂清咽保健功效研究报告》中，这一功效得到证实。

在安溪西北的同发山区域，当地人不仅引种铁观音，还致力于发展安

● 茶村晨光（安溪县大坪乡）

● 茶山杜鹃红

溪另一当家名种大叶乌龙。地方志记载，大叶乌龙，发源于同发山麓、名刹泰湖岩附近的长坑乡珊屏村。此记载也跟当地传说沾边。听当地人讲述，南宋高僧太湖住持张道源一天闲暇无事，散步至同发山麓珊屏村山界，发现一处山崖石缝中有数枞茶树，叶大色墨，群鸟争啄，遂采制成茶，味甘水美，饮之有焦糖香。宋高宗绍兴四年（公元1134年）大旱，张道源奉诏携茶进京施法祈雨。他单手奉茶水，诵经倾茶，大施佛法，倾刻间，大雨淋漓，平地水满三尺，雨皆茶色。高宗大喜，封道源和尚为"真异大师"，尔后又封"惠应大师"。而因其茶叶叶大色墨，获名"大叶乌龙"，从此名贵天下。

5

一场划时代的
植物界繁殖革命

1935年，34岁的安溪乡村书塾教师王成文大概不会想到，他着手参与的一件事情，会演变成为一场具有划时代意义的植物界繁殖革命。而他的初衷，只想改变一下大山里村民的辛苦生活，没想到却改变了印度、斯里兰卡、日本、肯尼亚、坦桑尼亚和乌干达等主要产茶国的茶叶生产种植格局。

1935年，家住西坪平原村的王成文，受西坪圆潭村人颜受足的聘请，到圆潭村当书塾教师。彼时，当地盛行种植安溪铁观音。王成文了解到，一斤铁观音可卖两到三元的白银，可以买七八十斤大米。这远比当教师的

● 短穗扦插

收入多得多，王成文也就产生了种一些铁观音的想法。

几次观察颜受足育茶苗之后，王成文发现他采用的是一芽二叶为一穗的茶穗，即捏一粒一粒的土泥丸，再把茶穗扦在土泥丸中，然后一粒一粒摆在菜园圃上，盖上田土并浇水，上面用杉树枝搭架遮荫。一家几个人忙一整天，也只能育好一小块大约两三分的田地。不仅劳作过程非常繁琐，成活率还不高。要知道，这一方法在当时已经算是比较先进的茶树繁殖技术了。

我国种茶历史悠久，但茶树繁殖技术进程缓慢。明朝中期以前，我国茶区种茶都是采用种子繁殖法。除此以外，明朝后期还采用了种子育苗移栽的方法。这两种育苗繁殖法均属有性繁殖，都会改变品种属性，容易使品种发生变异退化，难以保持茶树良种特性。

此后，茶树栽培从种子繁殖到整株压条繁殖走过了近千年的历程，从压条繁殖到长穗扦插也经历了两三百年。明崇祯九年，安溪茶农发明茶树整株压条育苗法，就是将茶树某一枝条先人为的破损，然后将破损的枝条压入土壤之中，让其生根，然后剪下生根的枝条移栽别处，此举开创了茶树无性繁殖的先例。1920年，一芽二叶为一穗的茶穗，也就是王成文所看到的茶树长枝扦插成功，茶树无性繁殖技术又迈进了一步。

颜受足在育茶苗时的繁琐步骤，让王成文想起了少年读书时的学校礼堂内，有一株很漂亮的五色茶花，孩提时爱玩耍，也曾剪了十几支茶花枝梢插在园地里养育，真有那么几株成活了。

既然颜受足捏泥丸插茶穗会成活，为何不仿照插茶花穗一样把茶穗也直接插在苗圃上，看看是否可以成活？王成文随即就用一叶一节（含一腋

●铁观音苗圃

芽）的茶穗，在平整的苗圃上进行
扦插。王成文家也有种茶，但都是
梅占，没有铁观音。于是，王成文
回家过礼拜天时，就向颜受足提出
要求，要买一斤铁观音苗穗回去。
颜受足问："你苗穗要剪多长？"
王成文说："就剪一叶一节就好，
但要选较长节的。"颜受足诧异：
"这太短，怎么会活？"王成文
道："就试试看吧。"

　　于是，颜受足就按王成文的要
求剪给他一斤苗穗。拿回家后，王
成文就在自家菜园里整了一小块
地，铺上一层细红土压实，再把一
叶一节的铁观音苗穗直接插上去，
然后浇水，搭架，盖杉树枝遮荫。

　　就这样，王成文每个礼拜回家
察看一次，交代家人三五天浇一次
水。1935年春扦插的茶苗，过了几
个月开始发芽，至1936年春，茶苗
成活有半数以上，王成文很是高
兴，回到圆潭就跟颜受足讲。颜受
足不信，特地跟王成文到家看苗

圃，感慨说：这样育苗既省茶穗，又省工。

1937年，富有钻研意识的王成文觉得培育茶苗仍处于试验阶段，于是他又买了两三斤铁观音苗穗来扦插。那时候，见堂兄搞得不错，王成文的堂弟、茶农王维显也前来学习堂兄的技术，在自家园地扦插繁育了近三分之一亩的梅占苗，当年就获得成功。

1938年，原在厦门林金太茶行当套茶箱师傅的虎邱乡罗岩村人傅水寿，因厦门被日本攻占失陷，跑回了罗岩落户，做起了制茶师傅，专事做茶。1941年，傅水寿前往平原村王维显家中跟他学育苗。细心的傅水寿很快发现，王维显用单叶一节茶穗扦插能生根发芽。于是傅水寿返家仿效王维显的方法，在罗岩进行茶苗繁育，育出的茶苗一部分自种，一部分出

● 苗圃

● 适龄采摘的铁观音

售。之后两年，茶树短穗扦插育苗法便在罗岩区域内广泛传播，并通过走亲访友、人流往来等方式，由罗岩村向邻乡双都村、萍州村等地传播扩散，后普及整个安溪茶区。

1949年后，安溪县政府生产部门联合科研院校，对安溪民间的茶树短穗扦插育苗技术逐步进行总结，编写培训教材资料，进一步加以完善、规范和推广。

1952年，福建省农业厅派人与安溪县茶叶干部一起，在西坪茶区调查总结茶叶劳模的生产经验时，发现了茶农用短穗扦插繁育茶苗。1953年，福建省农业厅又派人到安溪县专题总结茶树短穗扦插技术。1955年到1956年间，国家农业部门分别在安溪、政和、福鼎等县农场建立苗圃，大面积推广短穗扦插法。1956年，福建省农业厅召集安溪、政和、福鼎等县的茶叶干部，在政和县农场现场交流茶树短穗扦插技术，并布置三县开展大面积采用短穗扦插法育苗的任务。

1957年，农业部召集全国部分产茶县近百位茶叶干部，在大面积育苗成功的安溪县大坪乡萍州村观摩学习。由此茶树短穗扦插技术向省内外普遍推广，普及到全国各产茶省，传播到印度、斯里兰卡、日本、肯尼亚、坦桑尼亚和乌干达等世界主要产茶国。

1978年，安溪茶树短穗扦插育苗技术以集体的名义，获全国科学大会科技成果奖，成为安溪的集体荣誉。

茶树短穗扦插技术为何如此受欢迎？中国茶叶学会理事、福建省茶叶学会副理事长、高级农艺师蔡建明认为，这是因为短穗扦插育苗法比起之前所有的茶树繁殖技术，能够更好地保留茶树的优良特性，苗穗用材少，

育苗成活率高，容易移植。回首历史，可以洞见，中华五千年的茶叶发展史，经历了从原始的茶籽播种，到压条分株，再到一芽二至三、四叶为一穗繁育的长穗繁育，最后到一芽一叶（即一芽一叶一节）的短穗扦插育苗法，是一段极为漫长的演化过程。

应当说，作为国内外最普遍的育苗技术，茶树苗木短穗扦插法是一场划时代的植物界繁殖革命，改变了茶叶发展史的进程。这一项伟大的发明，让今天地球上的很多种茶树，都能够较好地保持久远的母本特性；让今天的每一杯铁观音，都能够蕴蓄淳朴厚重的、属于安溪的风土韵味。

● 1978年，"茶叶短穗扦插"获得了全国科学大会科技成果奖

6

安溪人的安身立命之本

"呷茶呷甜甜，恁来生双生。""呷恁一杯新娘茶，明年一手抱一个。"这是安溪婚俗庆典现场最喜庆的时刻。每当有人家结婚，大摆宴席，请来亲朋好友，酒过三巡，菜过五味，新郎新娘就会双双端着盘子，挨桌按长幼之序，一一给宾客分香烟、糖果，以及一杯香茶。接过新娘的茶，有的人就要说一段既诙谐又吉祥"闽南四句"来，讨主人家欢心，逗宾客们欢笑。

闽南安溪"呷新娘茶"的习俗上溯久远。在中华大地的民间婚俗中，经常把茶与婚姻联系在一起，从唐代开始，茶已作为高贵礼物随女子嫁

● 安溪茶习俗·新娘茶艺

出，到宋代，"吃茶"订婚更风靡一时。

此后，"吃茶"又成为男女求爱的别称，与茶有关的各种形式都是婚俗中不可或缺的。人们认为，茶代表坚贞、纯洁的品德，也象征着多子多福。正如《茶疏》中所言："茶不移本，植必子生，古人结婚，必以茶为礼，取其不移植之意也。"这与中国古代至今的婚姻观念极其吻合，所以茶与婚礼的各种习俗一直流传了下来。

据安溪县志记载，早在明清时期，随着茶业的兴盛，茶就融入婚礼习俗中。对歌成婚，是安溪茶乡的特殊风俗之一。男女青年在茶园中以安溪茶歌调对歌，表达彼此的爱慕之意。此外，在安溪婚俗中，还有一道"嫁娶婚前办盘"的习俗。定下婚期，男家要提前备齐聘金、礼盘送到女家。礼品除烟酒、猪腿、面线、糖品外，往往还要有本地产的上好茶叶。

　　婚宴之中，上几道菜后，新郎新娘要依席敬茶，此礼就是吃"新娘茶"，也就是"见面茶"，让宾客与新娘谋得一面熟，饮茶后宾客要念"闽南四句"的吉利话逗趣助兴，也因此产生了许多"婚俗茶谚"。如果宾客闹喜，假意不受茶时，新郎新娘不可生气或借故走开，要反复敬茗，直至宾客就饮。

　　婚宴结束之际，宾客离开之前，新娘子要给公婆敬茶。公婆受茶，需送饰物或礼金压盅。

● 布袋戏（安溪虎邱）

● 清茶祭祖（安溪祥华）

　　婚后一个月，安溪民间有"对月"的习俗，新娘子返回娘家拜见父母。娘家需备一件"带青"的礼物让新娘子带回夫家，以示吉利，大多人家往往挑选健壮的茶苗让女儿带回栽种。

　　乌龙茶又一极品"黄旦"，又名"黄金桂"，便是王淡当年"对月"时带回夫家培育出的名种，与名茶铁观音同时入选首批国家茶树良种。

　　这就是沿袭千百年的安溪茶婚俗，已成为独具特色的地方文化现象，更是安溪茶俗文化中非常重要的一部分。

　　除了呷新娘茶的习俗，安溪铁观音在闽南新春中也扮演着重要的角色。春节前后，大多安溪人以互赠礼品、你来我往的方式来表示情谊，安溪铁观音茶是最主要的送礼佳品之一，和长坑山格淮山、尚卿面线、官桥桔红糕、湖头米粉、后垵柿饼等当地特色伴手礼一起，在当地迎来送往，深受喜爱。

　　安溪铁观音在当地被广泛运用到不同节日的各个场合当中，成为生活

● 敬奉茶礼仪式（安溪龙涓）

中不可或缺的物品。

比如，用来沐浴除旧。安溪人为了迎接新年的到来，家家户户都会在除夕之前，对房前屋后、屋顶房梁进行除尘清扫，有婴幼儿的家庭还会选择在温暖的午间，用开水泡过的铁观音茶水为小孩洗澡，可以消炎杀菌，保护皮肤，以便清清爽爽过个年。

比如，用来祭祀祖先。闽南和台湾地区的祖先祭祀一般是在除夕进行，除了丰富的祭品，家里还会供上三杯铁观音，意为列祖列宗辛苦一辈子，为儿孙造福，升天后应享清福了。

还有，用来敬奉神明。清香清茶清果品，敬天敬地敬神明。闽南地区敬奉神明颇为讲究，从除夕到十五，上到玉皇大帝，下至各路神明，包括各家厅堂供奉的神仙，贡品都有讲究，比如敬奉观音菩萨是不能用荤类的。但不管如何，供桌上永远少不了三杯铁观音。其含义一是感恩上苍大地赐予神奇的茶树；二是祝祷来年风调雨顺、五谷丰登、六畜兴旺；三是祈求出入平安、丁财两旺、福寿双全。

更重要的是，用来拜年。在闽南，初一早晨天一亮，人们就开始相互串门拜年，各家各户都备足茶水和茶点等候客人的到来，以铁观音茶为最上礼。每来一拨客人都要重新换茶。每到一家拜年，客人至少要喝一杯茶，吃一块茶点，意为"岁岁平安、甜美幸福"。

每月逢农历初一和十五，安溪农村多地有向佛祖、观音菩萨、地方神灵敬奉清茶的传统习俗。主人要赶个清早，在日头未上山、晨露犹存之际，汲取清水，起火烹煮，泡上三杯浓香醇厚的铁观音，在神位前敬奉，祈求佛祖和神灵保佑，亦有虔诚礼佛者经年累月，日日如此。

• 18世纪中前叶：铁观音在安溪西坪被发现

• 18世纪至19世纪：铁观音风靡欧洲

• 20世纪20年代至40年代：铁观音风靡东南亚和粤港澳台地区

• 20世纪70年代末：日本『乌龙茶热』开始，铁观音风靡日本、东南亚及港澳台地区

• 20世纪80年代：安溪铁观音等安溪六大名茶被列为首批国家级茶树优良品种

• 2010年，学习和借鉴欧州葡萄酒庄园经营管理模式，打开安溪铁观音国际化局面

• 2016年，提出『不忘初心，弘扬匠心、上下同心、坚定信心』的二次腾飞发展理念

• 2017年，提出『安溪铁观音、好喝一身轻』口号，开展铁观音大师赛评选活动，以绿色发展、回归传统为战略，步入再发展的时期。

- 1992 在泉州举办安溪铁观音茶王赛，500 克铁观音拍卖价 1 万元；

- 2000 年，中国茶都第一期投入使用，并于 2002 年被农业部确定为全国茶叶批发市场

- 1998 年，提出安溪茶业『三步走』发展战略

- 1996 年，提出安溪茶业『优质、精品、名牌』发展战略

- 20 世纪 90 年代：安溪铁观音开始风

- 1996、1998、1999 安溪县人民政府分别在广州、上海、北京、香港等地举办安溪铁观音等茶王赛；

- 2000 年以来，安溪铁观音席卷全国，千城万店尽是铁观音，形成『无安不成市、无铁不成店』的局面；

- 2005 年开始，安溪铁观音神州行启动，包括北京、上海、广州、香港等 17 个城市，行程数万公里；

- 2006 年，提出『安溪铁观音 和谐

第二章

茶兴：十里乡贤，
惟茶富民

总有一个熟悉的声音，从闽南安溪出发，流传于世界各地。爱茶的你，一旦听见了，总会勾起一缕乡愁。总有漂泊他乡的茶人，忘不了家乡的山，家乡的水。再苦，心中总有一份慈悲；再幸福，也忘不了那一份柔情；再难，也要撑起铮铮铁骨；再美好，也愿意分享最醇厚的香韵。

①

"te" 的闽南语多重奏

2017 年金砖国家领导人厦门会晤期间，以安溪铁观音为代表的中国茶被礼献各国元首及夫人。一杯香浓的中国茶再次成为热议的话题。茶缘起于中国，通过陆路和海路，传播全球，在长长久久的时光里，在长长远远的路途中，一个"茶"字，乡音不改。

在茶乡安溪，请喝茶，就会来一声"蛱蝶啊"，其中的"蝶"，也就是"茶（cha）"，发"te"音，这个在闽南语区域保留完好的上古音，经由很早就来到中国的荷兰人传到欧洲。

● 中国茶的世界表达

　　荷兰人在17世纪就是欧洲和亚洲之间主要的茶商。资料显示，荷兰人在东亚主要使用的港口位于福建，这个地方的人读"茶"字时都使用te的读音。荷兰东印度公司向欧洲大规模出口茶叶后，便有了法语中的thé，德语中的tee和英语中的tea。

　　此后，不管是在拉丁语、英语，还是法语、德语中，"茶"的发音都无一例外地被语言学界认定为是闽南话"茶"发音的译音或转音。就是这一声保存在茶乡安溪的东方古音，自此伴随着悠悠香韵，穿越时空，通往全球。

　　闽南茶乡安溪，自古以茶立县。方圆百十里内多奇山秀水，为红黄壤砂质地块。早在千年前，安溪首任县令詹敦仁就论断此地"不宜稻菽"，但与"晴雨兼具、气候温润"的自然条件叠加在一起，安溪就成了茶树生长的理想场所。詹敦仁本人爱茶，也提倡种茶。据现存的安溪县志等史料记载，彼时从寺庙到民间，种茶做茶，未曾间断。

到了宋元时期，随着泉州港的兴盛，安溪茶叶作为一种重要贸易商品，通过海上丝绸之路，徐徐走向世界。在宋代，与安溪有贸易关系的国家就有58个，遍及今东南亚、西非、北非等地。

即便在明清实行"海禁"的时期，安溪每年所产茶叶的80%也都通过各种方式销往海外。茶史专家研究称，19世纪为乌龙茶风靡欧美的时期。一方面，安溪茶叶通过厦门、广州等口岸销往海外，对英国的年输出量最多时达3000吨。另一方面，安溪茶农远涉南洋，开拓新的茶叶市场。

此后，英国一度在印度、斯里兰卡属地引种中国茶树获得成功，并大力宣传饮用印、斯红茶，排斥中国茶，让安溪茶等中国茶叶在欧美市场日

● 安溪铁观音参加2004年科威特国际茶展

● 2016年安溪国际茶博会

渐式微。

　　这一状态持续到20世纪初。随着侨居东南亚各国的安溪人在当地经营家乡乌龙茶逐步成功，来自安溪的乌龙茶成为畅销东南亚的"侨销茶"。其中，乌龙茶精品安溪铁观音更是被海外茶人视为奇货，往往当作"镇店之宝"来看待。

　　资料显示，20世纪30年代，安溪人在东南亚开设的茶号有一百余家，其中著名的有新加坡的"林金泰""源崇美""白三春""高铭发""林和泰"，马来西亚的"三阳"茶行、"梅记"茶行、"兴记"茶行，印度尼西亚的"王梅记"茶行等。

　　诸多知名茶号的兴起，不断给乌龙茶安溪铁观音"推波助澜"。至1980年，销往新加坡、马来西亚等国家和中国香港、澳门地区的乌龙茶达

1958吨，比1949年的216吨增长了8倍多。

同样在二十世纪八九十年代，日本刮起"乌龙茶热"。日本人喜欢安溪茶到近乎疯狂，有位东京人士还曾卖掉一整栋楼只为买茶，他们觉得福建乌龙茶香高味醇有功效。

进入新世纪以来，安溪茶企成功抱团登陆欧美茶叶高端市场。2012年，安溪铁观音同业公会旗下的5家品牌茶企——八马、华祥苑、中闽魏氏、坪山、三和，组团于法国巴黎开设安溪铁观音欧洲市场营销中心，开启东西茶酒的对话先河，打开东西方再续茶缘的大门。2013年，安溪和法国埃罗省佛罗伦萨克市缔结为友好城市，让中外茶酒之城在世人面前友好握手。

从此，以茶为媒，由安溪茶企作为总导演开启的茶酒对话的场景，轮番上演。

这边，八马茶业于2013年，将1275公斤、货值20.91万美元的高档乌龙茶出口非洲乍得，实现中国乌龙茶对非洲国家出口的"零的突破"。其间，八马茶业还以安溪铁观音著名单品"赛珍珠"的名义，首开全球品鉴会，于2011年从泉州市华丽启动，从古城泉州到郑州，从北京到香港，再到悉尼、东京、纽约、巴拿马，跨越市界、省界、国界，历经十几个国家和地区，一步一步迈向国际名城，处处播撒属于观音雅韵的中国味道。

● 安溪文庙的砖雕茶席

● 安溪铁观音出口签约仪式

● 法国埃罗省省长、议会主席
● 安德雷·韦兹内盛赞安溪铁观音

那边，三和茶业早在2014年，法国外交部就向其定制中法建交五十周年纪念茶"莫逆之交"，这是首款由外国政府定制的中国茶。时隔一年之后，意大利总统府又向三和定制安溪铁观音茶礼"丝路知音"。

2017年3月，在希腊总统府，三和茶业董事长吴荣山与希腊总统普罗科皮斯·帕夫洛普洛斯，共同发布中国希腊建交45周年纪念定制茶——"莫逆之交"铁观音。作为瓯杯上的和平使者，安溪铁观音用纯雅礼和与世界对话。

条条道路通罗马。八马茶业董事长王文礼参与"闽茶海丝行"，走访德国、波兰、捷克三国，从欧洲回国的第三天就决定充实国际贸易部，积极参与"一带一路"茶叶新征程。

"好茶无国界，外国友人对中国功夫茶的泡法感到新奇极了，不少人特意到展馆来学习。"在匈牙利参展期间，德峰茶业副总经理王文良办了3场微茶会，场场掀起热潮。

"我们有一整柜的安溪高档定制铁观音顺利出口到俄罗斯东方港，下个月还将再向俄罗斯出口10吨。"这是安溪举源茶叶专业合作社负责人刘金龙的声音。

"如今，日本会采购中高档茶叶作为茶道用茶，欧美也开始有一些高端茶叶店出现，相信安溪茶可以在欧美打开一片天。"安溪兴溪茶厂负责人王吾河在接受采访时这样说。该公司每年出口1500吨以上的乌龙茶，60%送往日本，其余销往法国、德国、意大利、美国等国家。

安溪青年茶农陈敬敏组建的茶叶专业合作社，成功申请到全省农民合作社首个出口经营自主权，以小包装直接出口海外，仅在2017年就换回200万港元的出口创汇。

"以侨为桥，在高速发展的今天，用一杯安溪铁观音，构筑一个心灵的驿站，缔造一份属于海内外五百万安溪人的共同乡味。"有着华侨背景的佛罗花茶业，地处安溪青山绿水，其出产的安溪铁观音蜜茶，销往中国港澳台地区、东南亚各国，唤醒了无数华人华侨的乡愁记忆。

安溪铁观音乘着"一带一路"的东风，搭建了一条条通往五洲的"茶香通道"。诚如《海峡都市报》记者赵晶见证的安溪铁观音"出口热"："如果说，日本和东南亚属于安溪铁观音海外出口的传统区域，那么安溪茶出口已然打开了一片"新世界"。未来在俄罗斯、法国、意大利、澳大利亚等国，都能直接购买上好的安溪铁观音。"

这样的前景，足以期待。

在安溪，茶叶是民生产业，是历史传承，是绿色名片和文化符号。守

●2017年安溪县委书记高向荣（右二）、县长刘林霜（左三）出席茶王赛

护并发展它，让基业长青，已成为当地历任党政领导的责任与担当。

"泉州安溪还是重要商品铁观音的发源地。我也带来安溪铁观音请大家品尝。瓷音和茶香是泉州通过丝路为世界文明交往交流送上的礼物，丝路继续回响瓷音，弥漫茶香。"这是泉州市委书记（时任泉州市长）的康涛，于2017年5月27日，在法国里昂举行的中法文化论坛——中法文化创意产业与城市发展分论坛上，与北京市、西安市以及法国巴黎市、里昂市、安格鲁姆市等其他中法五城市长，围绕论坛主题展开交流对话时的演讲词。

2017年6月，中共安溪县委书记高向荣率安溪县部分龙头茶企代表，远赴俄罗斯和越南推介安溪茶，为安溪铁观音在俄罗斯、越南设立营销中心和茶文化推广中心"谋篇布局"，力推安溪茶企"出海"。

此外，安溪政府还鼓励茶企发展跨境电商，积极参加各地"丝路"主题展会，通过茶酒对话，"中法文化论坛""闽茶海丝行"等活动，支持龙头企业拓展海外市场，提升安溪铁观音国际知名度、美誉度和市场占有率。2017年12月27日，安溪当地召开县第十七届人民代表大会第二次会议，安溪县人民政府县长刘林霜在《政府工作报告》中，更是提出在新的一年里，推动茶企"出海"的具体清单。

2018年2月，在安溪召开的三级干部会议上，高向荣不忘再次这样勉励包括茶农茶商在内的当地各界人士："可以说，安溪铁观音一直倍受青睐，是闽茶乃至中国茶的'金字招牌'。我们更要坚持'四心'，推广'四化'，加速转型突围，再造产业新的辉煌。"

● 千人品茗剪影

二十万人组成的大家庭

●二十世纪八九十年代，汕头街道"茶铺多过米铺"

处在茶山的闽南安溪人，经常会哼着"凑阵来打拼，拼出好名声"这样的山歌"四句"来自我勉励。事实上，从中原古地迁入多山的安溪后，粮食出产总是不足。所以很多安溪先民找到茶树，炒好茶叶后，带着茶走出去"拼山拼海"。

安溪先人不仅将安溪茶和茶苗带到海峡彼岸的宝岛台湾，带到东南亚各国，还有一部分人由此选择落户在他乡。这就不能不说到闽南安溪茶与安溪茶传统销区潮汕的渊源了。

事实上，闽南文化圈与潮汕文化圈同根同脉，渊源深厚。比如在潮语中，客人叫人客，母鸡叫鸡母，步行叫行路，铁锅叫鼎等，都跟闽南话如出一辙。最为明显的是，爱喝茶的潮汕人，喝茶被称为"蛱蝶"，其发音也跟闽南腔调基本一致。

自古就有"福建人制茶，潮汕人喝茶"的说法。二十世纪八九十年代，福建省年产茶量为全国20%左右，除了自给自足外，产品主要销往潮汕等地。潮汕人和闽南人都习惯将茶叶称为"茶米"，两地"茶铺多过米铺"的景象，随处可见。

2018年4月20日，安溪县茶叶协会汕头分会举办了一场声势浩大的"潮

● *2018年安溪铁观音全国茶商代表大会*

汕情、观音韵"品茶会，偌大的中山公园，热闹非凡，近3万爱茶人共品一杯传统铁观音，这个全国饮茶量最大的地区又掀起了一轮传统铁观音热。

历代安溪先民将安溪茶叶通过手提肩挑、牛车运送等方式带入潮汕地区。爱喝茶的潮汕人，不仅把自己特有的沏茶过程称为"工夫茶"茶艺，还出台了《潮汕工夫茶》广东地方标准，将所用茶规定为"以乌龙茶为主要用茶"。

随着安溪铁观音的崛起，除潮汕这一传统阵地之外，安溪铁观音同时也在全国各大中茶市间不断地"传香播韵"。

人说安溪20万茶商可以搅动中国茶市格局，这个说法并不夸张，因为安溪茶商队伍庞大，懂茶懂生意，并善于抱团取暖。在南方，有个全国最大的茶叶批发市场广州芳村，也是全国名茶集散地。在这里，安溪茶商几

●安溪茶叶协会吉林分会会长柯云理代表安溪茶商发言

乎占了半壁江山，并从这里辐射到整个广东，这几年，随着传统铁观音的回归，安溪茶商们又开始大量营销家乡茶；在北方，本是绿茶和花茶垄断的市场，但30年来，安溪茶商开疆辟土，铁观音成为家喻户晓的茶叶，任凭茶市风云变幻，铁观音稳居主流地位；在华东经济发达的沿海地区，铁观音依然占有一席之地，甚至在出产龙井的浙江，出产毛峰的安徽，也随处可见铁观音。可以说，只要到全国各地的茶市走走，你都可以看到安溪人，因为，有铁观音的地方就有安溪人。

在长达30多年的市场开拓中，安溪县茶叶协会县外有35个分会，十几万个茶商，在全国各地生根发芽，同时涌现出一大批推广安溪铁观音的杰出精英，如汕头分会魏月德、福州分会王桂林、河南分会詹方枝、中山分会上官结成、吉林分会柯云理、济南分会陈木艺等乡贤，常常组织乡亲会员甚至全国茶商，心无旁骛地推广、宣传安溪铁观音。

从全国茶叶市场综合来看，有关权威机构调查数据显示，安溪铁观音市场占有率多年保持领先，线上或线下市场占有率均长期占全国名优茶的20%左右。

据不完全统计，30多年来，从安溪大山走到全国各地的茶商茶人，人数在十万到二十万之间。大家带着共同的安溪茶，围绕在安溪茶叶协会这个"大家"周围，组建"分家"，共同发展观音雅韵的事业。

来自安溪县茶叶协会的数据显示，协会成立至今，先后在国内30多个大中城市及县内成立60个分会，包括22个省级分会、12个城市分会、21个乡镇分会、5个专业分会，以近万名会员作为辐射带动，形成了一支庞大的发展力量。

原安溪县茶叶协会会长李文通说，安溪人不仅会种茶、制茶，还会卖茶。茶界广为流传的"无安不城市，无铁不成店"，诠释的是安溪人敢拼会赢、抱团发展的精神境界。

现任安溪县茶叶协会会长谢志攀担任过原国营安溪茶厂厂长、党委书记，善于把企业的经营理念运用到协会的管理中。他说，在百茶兴起的新时代，我们要以品质自信、文化自信、渠道自信的态度，对内夯实基础、对外加强宣传，让二十万大军汇聚成巨大洪流，助力安溪铁观音"二次腾飞"。

茶官陈水潮的铁观音情怀

闽南安溪，初秋的午后依然燥热。走进安溪铁观音研究院院长、国家一级评茶师陈水潮的办公室，清新茶香迎面扑来。"咱们先喝杯铁观音。"陈水潮边说边有条不紊地烧水、温杯、取茶。一旁整洁的办公桌上，悬挂着"2011年中国茶叶区域公用品牌建设特别贡献人物"的奖牌。

陈水潮对茶有着与生俱来的痴迷。1951年，他出生于安溪县感德镇槐东村茶人世家。1966年初中毕业后，陈水潮被迫中断学业，回乡从事种田耕地、开茶园种茶树的生产劳动；1974年，陈水潮成为生产大队拖拉机驾驶员并兼任大队团支部书记，也成为彼时安溪县第一批拖拉机手，开始结缘茶叶生产。

陈水潮说，当时在生产大队驾驶50马力的大型拖拉机，一来为大队或农民家庭搞运输，二来开垦茶园，一年可得5000分的工分，这在当时是强壮劳动力加上技术工的最高工分。感德镇槐植茶场的茶园便是用拖拉机开垦出来的，"1975年、1976年这两年，开垦了一百多亩茶园。"而槐植大队在二十世纪七十年代初期就被晋江专署列入第一个铁观音生产基地。由于亲历垦山、种茶、管茶，陈水潮对铁观音感情之深，超越了一般茶人。

陈水潮说，在中国，乃至全世界，很少有一个县域对茶叶如此地呵护、依赖和深情。安溪县涉茶人口超过80万，农民人均年收入50%以上来自于茶产业。但二十世纪八十年代中期之前的很长一段时期，茶叶并没有给近百万安溪人带来应有的财富。1985年，安溪被评定为国家级贫困县，祥华乡被评为贫困县中的贫困乡，彼时陈水潮在祥华乡任党委书记、乡长。他至今还记得国家级贫困县其中的三个标准：农民年人均收入不超过300元，年人均口粮不足200公斤，人均财政收入不到30元。而祥华乡农民人均纯年收入只有180元，柴米油盐更难以维持。如何保障这里的老百姓最基本的生活？这顶贫困的帽子该如何脱掉呢？

"安溪被评定为国家级贫困县后，县委、县政府提出脱贫致富的总体措施是：以粮为纲、以林为本、以茶脱贫。"陈水潮说，"前两句话是长

●安溪感德镇微商协会帮扶茶农采茶

期的发展目标，重点在第三句话：以茶脱贫。"

　　祥华乡土地面积250多平方公里，多为丘陵山坡，陈水潮通过深入的调查摸底，与农业、茶叶技术人员多次讨论研究，认为祥华的山地土壤及气候条件，特别适宜种茶。于是，他走家串户，脚步遍及各村角落，在祥华掀起一场前所未有的"种茶运动"。在全乡推广种植铁观音，并且率先在全县范围内举办春香，秋季茶王赛，以种茶、说茶、赛茶和宣传茶相结合，创造了"以茶脱贫、靠茶致富"的山区经济发展模式，缔造了"一乡十茶王"的美谈。

　　如果说发展祥华茶叶经济是陈水潮的牛刀小试，那么，继而在西坪镇任党委书记，在县里当茶官，则给陈水潮提供了更大的舞台。1991年9月，陈水潮先是提任安溪县人民政府副县长，主要分管茶业为主的农业等工

● 2005年，安溪铁观音神州行在北京人民大会堂举办

作，后又升任泉州市水产局局长。然而由于对安溪铁观音念念不忘，他主动请缨转任安溪县委副书记，兼任县茶业管理委员会主任。及至2011年退休后留用，二十多年的时间里，陈水潮以过人的智慧和忘我的精神，演绎了一个个动人的铁观音故事。

1993年，安溪铁观音走出县界，到泉州举办茶王赛；1995年走出泉州市界，到厦门举办茶王赛；1996年11月，安溪首次跨出福建省界，到广州举办茶王赛。

在广州最豪华的五星级酒店"中国大酒店"举办安溪铁观音茶事活动，在当时是"最奢侈"的活动。彼时，有新闻媒体记者采访参加活动的嘉宾的感想，嘉宾回答记者，此次活动创造了"三个从来没有"：从来没有喝过这么香的铁观音；从来没有听说过这么高的茶叶价格；从来没有看过这么精彩的茶艺表演。也正是这"三个从来没有"让安溪铁观音渐渐火

　——深度解读传奇茶叶的内外世界

热，安溪铁观音茶价也随之水涨船高，并影响到香港、澳门和东南亚茶叶市场。

如果说1996年的安溪铁观音广州行是安溪茶业发展的一个里程碑的话，那么，从2005年开始，历时四年多的"安溪铁观音神州行"更是掀起了安溪乌龙茶的"龙卷风"。

2005年6月至2009年8月，陈水潮先后组织了规模空前的大型品牌宣传活动，开启安溪铁观音拓展市场的长征路，开展全方位安溪铁观音考察交流采风推介活动。这次活动历时四年多，历经东西南北15个省（区、市），行程数万公里，直接受众达数十万人。其行程之远、参与人数之多、影响范围之广前所未有，被茶业界、新闻界、文化界誉为"创新之旅""品牌之旅""文化之旅"和"执政为民之旅"。

此外，陈水潮还完善了铁观音审评技术。陈水潮以其独到的理解总结出"5要素15个度"的方法：观外形，从紧结度、匀整度、悦目度来评判；闻香气，从清纯度、强弱度、持久度来评判；看汤色，从金黄度、清澈度、光亮度来评判；品滋味，从爽口度、饱满度、回甘度来评判；看叶底，从柔嫩度、肥厚度、发白度来评判。

安溪人因为培育了铁观音而名扬四海；铁观音因为选择了安溪人才增添光彩。而对于安溪人与铁观音的关系，陈水潮总结了五句话："安溪人发现了铁观音；安溪人培育了铁观音；安溪人发展了铁观音；安溪人得益于铁观音；安溪人还要保护好铁观音。"

说不尽的茶，说不尽的安溪铁观音，这是一位安溪茶官执着不变的深情。

④

王文礼:
国茶战略的布局人

晨曦中，雾霭弥漫的山岚逐渐呈现出清新淡雅的黛色；溪水畔，飞鸿掠起，惊醒沉睡的茶园。由八匹骏马拉着的马车，从历史深处隆重地驶来，仿佛在向世界倾诉心声：我们满载歌声，满载茶香，满载传奇。

这个传奇的缔造者，于1970年出生在铁观音发源地安溪西坪尧阳山，那是一如前文所述的大雪飘落的大山。他就是"王说"铁观音发现者王士让第十三代嫡孙，此后成为叱咤中国茶界的传奇式人物——王文礼。

生于茶叶世家的王文礼，成长于王说和魏说的传奇氛围之中。曾祖父

● 国家级非物质文化遗产安溪铁观音制作技艺代表性传承人、八马茶业董事长王文礼

王兹培在厦门、东南亚一带开设多家信记茶行。信记，名自"诚信经纪"，因诚信，信记茶行有口皆碑。祖父王学尧乃建国后国营安溪茶厂的首任首席茶师，桃李满天下，为安溪乌龙茶发展贡献颇多。父亲王福隆则为安溪第八茶厂福前农场的首席茶师，在安溪那个最偏僻的国营老茶厂，贡献了自己的青春与岁月。

而影响王文礼最多的，还是母亲魏连员，这位出生于西坪松林头的大家闺秀，身上流淌着大气、贵气、灵气。二十世纪五十年代，这位美丽贤淑的魏氏后代嫁入王家。王文礼出生后，母亲给王文礼喂安溪铁观音茶汤水，用泡后的湿茶叶给王文礼沐洗，让王文礼在铁观音的熏陶中渐渐成长。懂事后，母亲带他认茶园的"红芽歪尾桃正宗铁观音"，给他讲祖上王士让以及娘家魏荫的故事。母亲总希望王文礼长大后能够像王家、魏家

祖先那样自强不息。

在母亲的言传身教中，王文礼成长、上学，直至大学毕业进入深圳法制报社当记者。虽然在记者这一行业做得游刃有余，但是王文礼发觉自己更像一棵安溪铁观音茶树，需要更多的人生韵味来丰富理想，以实现母亲的期望。

二十世纪九十年代初，作为改革开放最早的前沿都市，深圳吸引了诸多国际大品牌，各种酒吧、咖啡馆等舶来品风靡起来。一杯咖啡就要80元的奢侈价格，深深地刺痛了这位从大山出来的小伙子，"相比咖啡，我们的铁观音有过之而无不及，凭什么它可以让人趋之若鹜？而我们却还是一斤几块、几十块钱地艰难推销？"睿智善学的王文礼此时已经悟到何谓品

牌，何谓渠道，何谓营销，何谓中国茶的机会。

　　1993年，王文礼毅然辞去深圳法制报记者这个当时是香饽饽的职业，回到故乡安溪西坪创办安溪溪源茶厂，后来溪源茶厂更名为八马茶业。在厂里，王文礼牛刀小试，把铁观音作为乌龙茶原料打入日本伊藤园、三井物产、三得利、丸红、可口可乐等国际大型饮料企业，成为日本乌龙茶饮料"大佬"重要的供应商。

　　二十世纪七八十年代，乌龙茶在日本大热。彼时溪源茶厂作为国企之外最大的乌龙茶供应商，出口量最高时有3000多吨，特别是高端铁观音，几乎占三分之一的份额。

　　日本人对品质的要求近乎苛刻，要成为日本大企业的合作伙伴绝不是

● 王文礼与中国工程院院士陈宗懋合影

● 国茶仙子廖雪花（左）、姜雨桐（右）

一件易事。但凭借着一股敢为人先、爱拼才会赢的气魄，王文礼带着茶师团队，从源头抓起，严抓品质关，力求将客户的需求做到完美，每批铁观音乌龙茶都能让日本人心服口服。这虽是一段艰苦磨砺、破茧化蝶的创业之旅，却让王文礼练就了一身"中国功夫"。

王文礼从不隐藏成功的法宝，他常常揭示的"秘笈"就是：不怕你会一万种功夫，就怕你一种功夫练了一万次。王文礼在20年前就说，铁观音就是练了数百年的"中国功夫"，它讲究的是四大功夫：一是种植的功夫，二是制作的功夫，三是冲泡的功夫，四是品鉴的功夫。他深谙，功夫到达一定境界就是一门艺术，通过日复一日的实践，就能达到人茶合一。

基于这种精益求精的追求，王文礼屡试不爽，先后赢得了六

● 全国政协原副主席罗豪才为王文礼颁发茶王赛金奖

家世界五百强公司的青睐，成为他们的合作伙伴。此时，八马茶业不仅积累了第一桶金，还积累了能与世界接轨的管理经验，一跃成为二十世纪九十年代铁观音行业的龙头企业。

赢得出口市场后，王文礼不再满足于做供应商，决定要打造自己的品牌，建设自己的终端，增强自己的核心竞争力。

于是，王文礼从1997年开始决定要靠品牌胜出。他先从最擅长的品质抓起，先后在1998年11月、1999年6月、2005年11月三次获得安溪县人民政府组织的权威茶王赛金奖，从此，八马品牌知名度逐渐打响。这段时间，王文礼还在业界缔造了很多首创，一路影响着铁观音行业，如被各大茶店采用的铁观音八道茶艺图、"原汁原味原产地"的核心品牌口号、在沃尔玛开设专柜等商业运作。

2005年，王文礼力排众议，做出了超人的大胆举措，多方凑钱投入巨资，在安溪龙门建设具有国内先进水平的现代化加工厂，建设具有国际水平的铁观音生产线，成为安溪一张靓丽的名片。

与此同时，王文礼又在福建开了数十家大型旗舰店，并一路向北开设连锁店和专柜，这一时期，八马品牌与渠道得到快速发展。

2011年，王文礼又做出了令业界震撼的举动，他聘请大师策划、明星代言、名师设计，全方位树立铁观音领导品牌的地位。此时，他亮出了中国茶界"尖刀产品"——赛珍珠铁观音，开启了浓香型铁观音的新时代。

二十世纪九十年代到二十一世纪初二十年代间，清香型铁观音风靡市场。但对茶叶市场有敏锐感觉的王文礼认为浓香型铁观音一定有极大的市场空间。于是，从2009年开始，王文礼带领茶师团队，研发顶级浓香型铁观音领导品牌，并将此款茶命名为"赛珍珠"，顾名思义，此茶粒粒赛过珍珠。

也是这一年，国家文化部公布第三批非物质文化遗产项目代表性传承人，王文礼入选为国家级非物质文化遗产项目乌龙茶制作技艺（安溪铁观音）代表性传承人。

2011年5月，王文礼出手了，赛珍珠一经面世便成茶市新宠，经过连续6年数十场赛珍珠全球巡回品鉴会和全方位多维度推介，赛珍珠以炒米香、兰花香、果味甜香这独特的三香征服茶市，成为中国茶叶现象级产品，并引领浓香型铁观音进入市场主流。诸多茶人评价说，这是王文礼对铁观音行业的一大贡献。

而这对于王文礼来说，这是最初的梦想，也是长期的使命。

2017年9月3日，八马茶叶成为厦门金砖会晤指定产品；2018年4月28日，八马茶业姜雨桐和廖雪花两位茶艺师经过严格选拔，有幸在湖北东湖为中印两国领导人非正式会晤茶叙提供茶艺服务；2018年5月29日、6月3日、6月5日、8月23日，八马茶业分别在福州、泉州、厦门、武汉举办盛大的国茶战略发布会。王文礼信心满满地说，八马茶业已经实现了从区域品牌向全国品牌的蜕变，连锁店已超过1300家，未来，八马茶业将以国茶标准严格要求自己，对标国际，将八马茶业打造成茶界的"茅台"、东方的"拉菲"。

5

林金科：茶黄素是铁观音
重要的保健和滋味成分

走进安溪，当地人会很自豪地告诉你，我们安溪有多所茶叶学校，如安溪茶业职业技术学校、安溪华侨职业中专学校、安溪艺术学校等，还有一所高等学府，叫作福建农林大学安溪茶学院，还是"一本"呢。

安溪茶学院位于安溪城东茶业新城，占地1200亩，由安溪县政府与福建农林大学合办，2012年开始招生，是全国唯一一所按茶全产业链设置专业的茶业公办本科二级学院。为建设安溪茶学院，海内外安溪人慷慨解囊，捐资7亿多元，创下福建民间集体捐资助学规模最大、金额最多的历史纪录，也刷新了单个项目接受省政府捐资表彰人数的最高纪录。

入秋的安溪，午后天气依然燥热，茶学院教授、博士生导师林金科，身着轻便运动服，脚穿运动鞋，精力充沛，准备到体育馆打篮球。林教授说，他的业余爱好仅有三项：打篮球、游泳、喝铁观音。

2005年3月至2008年4月，林金科曾作为福建省委组织部公派出国的留学人员，在美国亚利桑那大学基因组研究所进行博士后研究。他在茶叶品质与健康、茶叶深加工与质量管理、茶资源育种与分子生物学等方面有独到见解。

谈及铁观音品种的起源，对安溪县委宣传部副部长谢文哲在其著作《茶之原乡》中谈到的"'雪灾年代'对铁观音物种的起源产生关键性作用"，林金科认为，这一推论有一定依据。

"密集恶劣的环境对于茶树授粉受精、开花结果都会产生影响，在极端恶劣的环境下，天然杂交催生出来的品种成活概率很低。"林金科从遗传学角度分析，"任何一个在恶劣环境下产生的物种，都会有万分之三左右的奇迹出现，铁观音在这等恶劣的条件下诞生，已产生了遗传上的良性

● 福建农林大学安溪校区·安溪茶学院

变异，留下了优异品种。"大雪在春节前后，正是茶树胚胎发育期，之后种子落地生根发芽，恶劣条件下，茶树原本成活率就很低，而后筛选出的铁观音，生命力则更为顽强。

对于安溪铁观音独一无二的"兰花香、观音韵"成因，林金科分析：一是安溪铁观音特异基因与安溪独特自然的地理环境互相影响，虽然铁观音被移植到全国各地，但带不走独属于安溪的"观音韵"；二是在逆境下自然选择的新物种是全世界代谢机制最复杂的品种之一，安溪铁观音天然杂交中产生遗传基因的变异导致其代谢基础物质比较复杂，再加上奇特的加工工艺，因而产生各种香型与口感，同一茶师制出一百泡茶叶的滋味可能有一百种；三是铁观音品种在特定条件下，其基本韵味不变，观音韵可描述为"煌口香""煌口味"，对比之下，铁观音茶的甜非蜜糖之甜，非蔗糖之甜，更非糖精之甜，它的甜是茶多糖与其他物质交融的产物。因而铁观音香气有数百种，魅力无穷。

早在1989年，林金科就到安溪来做茶，接触铁观音。他说，在同一类乌龙茶中，由单一茶树品种所加工的茶叶产品，属铁观音市场占有率最高。"至于铁观音的保健养生功效，有些人喝了很有效，有些人还没有觉察到，我想说，这是因为喝得不够多。"林金科举证说，原国营安溪茶厂茶师绝大数健康长寿，且无疾而终，其根本原因就在于他们每天事茶，饮用足够的铁观音茶水。

林金科建议，每天至少饮用1250毫升铁观音，连续饮用三年以上，效果显见。"经基础医学与临床医学实践证明，安溪铁观音对降血脂、血糖，改善人体消化系统等具有显著保健功效；陈年铁观音对高尿酸血症也

● 林金科带学生茶园现场教学

具疗效。"

　　林金科认为，茶黄素是铁观音的重要滋味成分，是构成铁观音优异品质的重要成分，也是铁观音保健功效重要的功能性成分。当铁观音发酵程度达到"叶面三红七绿"时，其产生的茶黄素、茶红素、茶褐素是对人体健康最有利的茶色素。茶色素中，尤其以茶黄素最宜于人体健康。"长期喝金黄明亮的铁观音，因其茶黄素比例高，能够抗氧化，不容易形成老年斑。"因此，茶农要注意铁观音的发酵程度，不要一味追求所谓的"白水""绿汤"，要让铁观音的汤色金黄明亮有质感，入口醇厚能回甘，好喝耐泡耐贮存。

⑥

肖文华：
铁观音国礼茶的外交使者

肖文华
华祥苑茶业股份有限公司
董事长

　　二十世纪九十年代
初期，当肖文华
骑着自行车，在别人下班路
上连守六天，只为把上好的
安溪铁观音送进当时在厦门
尚属"新生事物"的连锁超
市时，他或许没有意料到，
在时隔近30年后的2017年，他

会带着岁月沉淀出的儒雅气质，从容地将中国好茶作为当代国礼礼献世界。

2017年9月初，厦门举办金砖国家领导人第九次会晤。其间，肖文华不仅将自己品牌的茶叶冲泡出来的茶水呈送到金砖会晤国家元首及夫人的手中，收获了满满的"Good！Good！Very good"等赞誉之声，他创制的国宾茶更是被我国作为国礼礼赠给俄罗斯总统普京，并在会晤结束后被带上总统专机，飞向克里姆林宫。

"后来，就像我预料的一样……"这是肖文华的话风。弱冠之年，肖文华闯天下，当别的青年还在苦苦思索"为什么？"他却忙于"为什么不？"带着一股闽南人基因里潜藏的拼劲，肖文华一开始就彰显出"我们不一样"的气魄。

当别人卖散茶，他拼包装卖礼茶，且不是论斤卖，而是开启茶叶订货会，一举惊艳当时茶市；当别人只卖安溪铁观音，他还加入来自台湾的精致茶具，以"好茶配好器"，让更多人开始从买茶中了解安溪铁观音深厚的文化内涵。

当别人满足于在几十平方米的茶店做销售批发，肖文华则在厦门禾祥西路开了一家300多平方米的茶文化体验店。卖茶的同时，还卖喝茶空间，以高品味的茶文化吸引客人。

当饮茶风尚日益兴盛，对中国茶文化的普及与传播成为了一种责无旁贷的使命。肖文华一跃而出，与钓鱼台国宾馆"联姻"，做国宾礼茶；入驻首都机场，定点京华，辐射全国高端客户；参展奥林匹克展览会，亮相国际展会，擦亮铁观音品牌。

然后，走进联合国，参加丝绸之路投资论坛，探路国际市场；结缘英

国安德鲁王子，将安溪铁观音注入英伦风尚元素，一举端进英国皇室，对接起一拨接一拨的欧洲高端群体。

从北京到上海等地，到澳大利亚、日本、韩国，再到法国、英国和西班牙等国家，一路悉心推茶，一路巡回品鉴茶文化，肖文华像个十足的布道者，以最优雅最中国的方式捧出瓯瓯浓情茶韵。"华夏荣光，全球盛会""吉祥中国，茗扬世界""美好祝苑，邀您参与""美好生活，从茶开始""茶让世界更美好"等标语一度成为时代印记。

当人们认为，肖文华在茶文化推广上越走越远时，他却来了个"回马枪"，跑到安溪西部边陲的龙涓乡珠塔村，"折腾"茶山，搞茶庄园。起点，也是最好的终点。有茶友打趣说，肖文华在走访欧洲精致的葡萄酒庄

园后，顿悟了。

铁观音茶庄园可不是一天就能建成的，一旦有空，肖文华就跑去欧洲"取经"。意大利维罗纳的Monte Tondo酒庄的葡萄园和酒窖，法国波尔多右岸圣艾米隆地区酒庄、梅多克地区酒庄，勃艮第的卡慕酒庄等，他都亲身走访了一遍。

在铁观音茶园引入欧洲葡萄酒庄园模式，让欧洲思维接轨东方文明，中西合璧，一定能够让好茶大放异彩。肖文华总是有他的想法，以至于联合国南南合作示范基地、茶界泰斗张天福有机茶示范基地、钓鱼台铁观音基地和国家生物学理科基地福建农林大学合作研发中心等先后在其茶庄园落户，也就不足为奇了。

2017年9月初，南方以南的厦门，秋高气爽，其间召开的金砖国家领导人第九次会晤，让肖文华所有的讲究和努力得到了最高检阅。俄罗斯、巴

　——深度解读传奇茶叶的内外世界

西、印度三国领导人，几内亚、南非、埃及、墨西哥总统及夫人，泰国总理及夫人等都经过会场茶叙现场，在第一时间喝上了肖文华的茶。

肖文华旗下培训出来的茶艺师为他们奉上了一杯杯洋溢着中国山水田园韵味的中国茶，她代表的不仅是安溪的铁观音，还彰显着泱泱五千年的中华文化，诠释着崛起的中国人民的幸福生活。据茶艺师后来回忆：当他们迎面走来时，我们都会按最高茶礼仪标准奉茶，尽管各国元首及夫人们的语言各不相同，可他们说出的"good"，是听得懂的！茶无国界，美美与共！听着茶艺师们的描述，肖文华的脸上始终是温文尔雅的微笑。

2018年2月1日，北京钓鱼台国宾馆，中英双方领导人夫妇举办茶叙，肖文华带领首席茶艺师们组成中国茶文化传播使者团，不仅在中英两国领导人夫妇面前完美展现了铁观音十八道功夫茶艺表演，奉上了一道道纯正

● 华祥苑铁观音庄园

中国茶，还将铁观音茶作为国礼礼赠给英国首相夫妇。这是继金砖会晤之后，铁观音再一次在全球聚焦下大放异彩的时刻。

历史将永远记住这一刻，这是铁观音的魅力，也是一位茶人的至高荣耀。

7

魏月德：
铁观音的守艺人

茶农、茶商、安溪铁观音制茶工艺大师、中国制茶大师、国家级非物质文化遗产乌龙茶制作技艺（铁观音）代表性传承人、茶文化传播者……拥有诸多身份的魏月德，在安溪，若被人问起最看重哪个身份，"茶农！"魏月德会给出一个干脆的回答。

给出这个回答的原因是多方面的。最让他自豪的是，他继承了茶农祖先魏荫的"衣钵"，在呵护安溪铁观音这件事上从未走远。在魏月德眼里，安溪铁观音是"天赐神树"，管护、采摘、制作容不得半点马虎，要做出一泡好茶，对茶叶应该要有"敬畏之心"，必须要达到"人与自

● 感恩茶树

然""人与茶悟""心与茶性"的完美结合，所谓人身到位、技艺到位、精神到位、人心到位。

魏月德常常将"茶农"作为自己的标签，因为不论是茶叶的采摘，还是茶树种植、茶园管理、茶叶制作等方面，他都相当娴熟。魏月德回忆，14岁时他便要扛着锄头，开垦茶山，种植茶树。在父亲的口传心授下，魏月德很快学会叠草坪，填沟壑，并改变多株种植为单株种植方式。

在茶乡，采茶算是一门"女人活"。茶季来临，满山采茶女成为一道美丽的风景。少年时代的魏月德，从小就要像采茶女一样，背着茶篮，到茶山采茶，且熟练掌握"快、准、狠"的技巧，一天可摘得"三叶一芽"茶青60斤。用手工摘得60斤茶青，对于成年采茶女来说也非易事。采茶，是魏月德制茶路上掌握的第一门技巧。

魏月德从14岁开始学制茶，采晒摇摊揉炒焙，一学就上手。凭借过人的悟性，16岁时魏月德就可以将同属乌龙茶品种的梅占、毛蟹等茶叶做出特殊的品质。"有时候，为了做出好茶，可以忘了吃饭，忘了睡觉。"在16岁那年，也就是1979年，魏月德提出并参与"偷分田"，继而育起了茶苗，又参与"偷分茶园"，带着自制好茶，偷偷弄到漳州、厦门等地去卖。

1984年，魏月德有了茶叶加工厂，直到1986年工厂才得以注册，这是安溪首家由私人创办的茶叶加工厂。就这样，魏月德带着自己工厂出产的茶叶，走广东，跑潮汕。一开始生意顺风顺水，小有成就，后来销售公司因故取消订购合同，只能沿街叫卖茶叶。更祸不单行的是，魏月德遭遇了车祸，腿受重伤，一家人被困在汕头，有时连油盐等生活必需品都买不起。

好在1990年春节前夕，有位老乡返家过年，委托他销售一批茶叶。彼

● 中央电视台现场采访

● 2008年茶界泰斗张天福（中）参加魏荫茶业茶文化活动

● 山西茶人王有强向师傅魏月德敬茶

时汕头茶市形势见好，安溪铁观音一时奇货可居，让魏月德绝处逢生，帮老乡代销的6000多斤茶，让他赚了5万元。待他"富贵还乡"，准备搭修房屋时，山体滑坡突如其来，一下子吞没了所有，好在家人安然无恙。

经历多次沉浮，魏月德不改初心，坚信人在、信心在、诚意在，总会有变好的一天。收拾行李和茶叶，魏月德重闯汕头，东山再起，总算迎来了不断盈利的良好局面。魏月德自己津津乐道的是，1992年秋天，他贷款2万元，在老家松林头举办茶王赛，请来中国茶界泰斗张天福亲任赛事评委，把茶王赛获前15名的200多斤茶叶以100元/斤的价格悉数收购，带到汕头，转手每斤卖到300元至500元。

此后，魏月德乐此不疲，除了赛茶王，他还拍卖茶王，曾拍出16万元/斤的天价。同时，在全县茶王赛风生水起之际，他主动出击，参加县乡茶王赛，屡屡拔头筹。1997年其茶品问鼎当地高规格的县级茶王赛茶王，成就了他"茶王级的茶商"的美誉。

● 魏荫铁观音品鉴活动

　　争王夺冠，魏月德靠的是宝器。茶季一到，他都要在发源地核心区采上一把茶叶，用最传统的方式做茶。2015年上市期间，魏月德再一次出手，将自己的一泡手工茶"魏十八"，以每斤18万元的天价，卖给了前来参观考察的北京大学茶产业创新与管理高级研修班的学员，一时轰动了业界。对于这一泡"得意之作"，魏月德自己的解读是，它融合了"甘、清、纯、润、甜、韵、香"的口味，可以抵达"清动头、润动喉、香动鼻、甘动舌、韵动脾"的品茶境界。

　　魏月德大半生茶海浮沉，有过三四车茶叶被海水泡掉而血本无归的挫折，有过讨要茶款不成致资金周转困难的困窘，但每次他都能挺过来。按魏月德自己的话说，他就像一片制作中的铁观音茶叶，历经"生在山中，死在锅中，活在杯中"的涅槃，才能释放更"铁"的香韵。

　　在茶生意上稍有起色之后，魏月德总想着要为安溪铁观音、为家乡做点什么，比如在安溪城东修建一座铁观音文化园，创办安溪铁观音非遗传习所，展示安溪铁观音茶文化，并开业授徒；比如在老家松林头，为保护铁观音发源地、维护铁观音母本源，打造铁观音茶香人家、乌龙茶铁观音制作技艺传习所；比如开辟铁观音茶旅路线；比如在西坪当地，筹建起气度宏伟的茶禅寺、茶圣殿，供奉观音菩萨、茶祖、茶神等。

稍有空闲，魏月德就坐下来，理一理老祖宗"口传身教"留下的茶言茶语。很多茶农跑来问制茶的秘诀，魏月德说："爱茶好，要勤做；爱茶香，要用功。掌握节气，利用天时，人茶合一，用心观测，了解茶性；掌握地利，懂茶脾气，看茶选茶，看青做青；掌握变化，综合梳理，才能做出自己最喜爱的好茶，让茶人更喜欢的好茶。"

问的人越来越多，魏月德干脆专门花心思出了几本书——《魏荫与铁观音》《铁观音秘笈》《铁观音前世今生》等，把种茶经、制茶经等一一整理出来，并且在安溪当地招收了一批徒弟，悉心传授。魏月德说，老祖宗的法宝，必须发扬光大。

⑧

魏荣南：
最难消解是乡愁

这是一位儒雅的安溪籍茶人，在东南亚国家和欧美国家，长期从事着他挚爱的安溪铁观音茶业。他见证着数十年间铁观音在全球的时空流转和声名远扬。在2017年10月秋茶铁观音采制伊始，我们利用他回乡制茶期间，走进了他耗巨资打造的铁观音"拉菲"庄园。

寒露的午后，安溪西坪松岩松林头，阳光铺满了村庄。站在观音山上极目远眺，云海茫茫，绿意熏染，村庄依山而建，错落有致，一座座闽南古厝在铁观音茶园的层层掩映中，格外宁静美丽。

安溪松林头生态茶叶有限公司坐落在松林头山腰间，四周林木葱茏，

遍野茶树绿意。上山时，公司负责人魏荣南正在茶厂里指导工人炒制秋茶。魏荣南，南苑茶庄掌门人，新加坡茶叶出入口商会会长，祖籍安溪西坪松岩松林头。上至父亲、祖父、曾祖父，魏氏家族世世代代以经营茶叶为生，都将梦想寄托在安溪这座茶都。

在茶厂里，魏荣南娓娓讲述当年先祖下南洋创下百年老茶号，撒播铁观音茶香的历程。十九世纪末期，其曾祖父魏静哲一代离开安溪到南洋销售茶叶。当时，去南洋一趟要花上数月，离乡背井，海上漂泊，极为艰辛。到1906年，魏静哲在新加坡创办了第一家魏新记茶行私人有限公司，还开设了茂苑茶庄，到魏荣南祖父魏宜转接管茶庄时，茂苑已在新加坡站稳了脚跟。1960年，南苑茶庄成立，进一步将安溪茶叶推销到东南亚各地。

谈及新加坡茶叶出入口商会，魏荣南揭开了一段鲜为人知的历史。

● 1995年，魏荣南获得西坪茶王赛茶王

1928年5月3日，震惊中外的"济南惨案"（当时由中国政府派出与日本谈判的交涉员蔡公时被割去耳鼻后遭残忍枪杀）的消息传到新加坡，狮城华侨一片哗然。经营茶叶的新加坡华商意识到，有必要组织、成立机构，在祖国有危难时迅速筹措赈济款项，还可反制其他同类经营所形成的垄断。

当年的6月23日，星洲茶商公会在新加坡正式成立。刊登于9月25日《南洋商报》的《星洲茶商公会成立宣言》虽没明确提及"济南惨案"之事，但从"近者外侮频仍，统一实由国货推销，万人一志，今不先不后，恰于次日，茶商公会成立，以鉴外侮之频仍，以庆统一之实现"等内容可知，公会不仅主张南洋茶界"交换智识、联络感情"，还倡导遵循商业正轨，推行"价目公平"，在"外侮"这一背景下，希望通过国货推销来实现国家的统一和强大。

星洲茶商公会成立之初，有林和泰、高芳圃、张馨美、金龙泰、高铭

　——深度解读传奇茶叶的内外世界

发、高建发、林金泰、源崇美等25
家会员茶庄，其中安溪籍16家。公
会职务、人员设置为：正总理林本
道（林和泰茶庄），副总理翁朴诚
（东兴栈茶庄），财政员张瑞金
（张馨美茶庄），查账员魏清正
（茂苑茶庄），庶务员颜受足（源
崇美茶庄），共议员12人（家）。

从1928年起，新加坡茶叶进出
口商公会几易其名。从"星洲茶商
公会"到"新嘉坡华侨茶商公
会"，到"新加坡华人茶叶出入口
商公会"，再到"新加坡茶叶出入
口商公会"，见证时代变迁。2015
年，在魏荣南主编的《新加坡茶商
公会史略》一书中，以较大篇幅和
内容展示了安溪籍茶商东南亚奋斗
史，如新加坡安溪会馆成立及发展
历程、林和泰、白三春、林金泰等
老商号故事及部分安溪籍茶商人物
故事、老照片、档案材料等，较为
完整地反映了安溪茶商在东南亚开
拓发展"海上茶叶之路"的史实。

安溪茶商在东南亚的发展还有

段小插曲。1950年以后，中国大陆对茶叶实行统购统销政策，当时全马地区（即现新加坡和马来西亚）的乌龙茶需求量大，能从中国大陆进口茶叶的数量有限。为此，1960年，全马地区二三十家茶行联合成立岩溪茶行，对接来自中国大陆的茶叶进口，只有入股岩溪茶行的成员才有资格获得中国大陆乌龙茶进口配额。而南苑茶庄正是岩溪茶行发起人之一，至今拥有岩溪茶行的股份。

后来因马来西亚进口政策变化，1972年，岩溪茶行分拆为新加坡和马来西亚两间公司。进入二十世纪九十年代后，随着中国茶叶出口政策调整和出口数量增加，新马两国茶企均自行进口中国大陆各种茶叶。到二十世纪九十年代中期，岩溪茶行基本结束其历史使命，不过，股东们仍保留了岩溪茶行的股份。

从曾祖父在新加坡创办茶庄伊始，到第四代传承人魏荣南，这期间已有上百年的历史，而在南洋如此坚持做茶的，为数并不多。魏荣南说，1987年，祖父去世前告诉他"从没有忘记过松林头这个美丽的地方"，希望最后能落叶归根。为完成祖父心愿，魏荣南第一次回到安溪，见识了祖父一辈子念念不忘的地方。也正是这段行程，让他与故乡西坪松岩结缘，最终决定将事业重心放在这个最适宜铁观音生长的500亩山地上。

对于故土，魏荣南饱含深情地说："这是我的祖辈曾经生活耕耘过的地方。"他道出事茶的真正深意："我希望这里的农民能够提高收入水平，让他们的劳动能够换来更好的回报。"

他不惜花费高价，对幼树灌溉豆浆，施纯天然有机肥料，让铁观音茶树自然生长。同时，实施生态园式管理，保证树苗之间充分间隔，经常锄草，保持树苗通风，让铁观音树苗在最佳环境下生长。

魏荣南说："这种种植方式会导致产量较低，产品价格势必会比较昂

● 魏荣南在马来西亚讲茶

贵，不过，这与我们的目标是一致的，就是要产出全世界最清洁的铁观音茶。"

"如果说欧洲以LV等奢侈品名牌为骄傲，那么值得华人自豪的则是中华不朽的茶文化。"魏荣南觉得最有可能代表中国世界品牌的就是茶，在茶里面，最特殊的就是铁观音，不仅有香韵，滋味也特别好。而铁观音要做成精品，就得做"拉菲"。

"举个例子，松林头生态茶叶有限公司就是一个'拉菲'庄园，其中的茶农则是'小拉菲'。"谈话间，魏荣南突然站起来说，"要炒茶了，我得先去车间看一下。"

指导松林头茶农制茶是魏荣南的第一步，他希望未来松林头能成为一个名茶山区。"好茶一个人做出来还不够，制定标准是对所有人都有利，要先帮助茶农把松林头的铁观音价值提升起来，形成高标准茶叶风格，再统一向外推广，和市场对接。让铁观音'拉菲'在各地推行开来。"

⑨

刘纪恒：凤凰涅槃，
重现上个世纪的味觉记忆

安溪有座山，叫凤山，巍巍耸立在安溪县城北面，它像是安溪的图腾，向世人展示着巍峨和俊秀。安溪有个牌子，叫凤山牌，这个名字就取自代表安溪的山名，它承载着海内外几代安溪人的骄傲和梦想。

曾几何时，凤山牌铁观音凭票供应，一茶难求。至今老一代爱茶人都在怀念那时的味道，感悟这难忘的味觉记忆。时光流转，岁月无情。受市场经济大浪的冲击，昔日的辉煌和骄傲逐渐式微，这个存在了66年的安溪最老茶厂一度命运跌宕。

保住，重整，复苏！这是海内外安溪乡亲们的共同愿望，也是当地政府的责任与担当。2017年年底，随着财产与营业事务的顺利交接，北京和君集团正式接盘安溪铁观音集团及控股子公司安溪茶厂（简称安溪铁观音集团），和君总裁刘纪恒出任安溪铁观音集团董事长。

刘纪恒，1958年9月生，毕业于青岛远洋船员学院，曾长期在远洋运输行业以及中远集团供职。2001年后，就职北京和君咨询有限公司，出任合伙人。2012年后，就职于和君集团任党委书记、集团总裁、和君资本董事长、和君商学院副院长、和君集团发展与创新委员会主任。

安溪铁观音集团走过风雨六十六载，交由刘纪恒掌舵时，留给他印象最深的是：安溪茶厂是安溪铁观音发展的"黄埔军校"。2015年，刘纪恒来到安溪，在考察安溪茶产业之后，上蓬莱山，到安溪民间文化胜地安溪清水岩瞻仰了清水祖师神像，倾听导游讲解清水祖师由人而神的传奇故

● 国家茶叶质量安全工程技术研究中心

事，了解闽南著名信俗清水祖师文化。

清水祖师正心诚意做事，不惜一切地成人达己的精神，让刘纪恒一时间找到了契合点。按他的话说，"正心诚意，成人达己"，恰恰是和君集团这么多年来在全国做咨询工作中始终坚守的文化理念。

入主安溪铁观音集团，刘纪恒自己说，这是他人生的第三次角色转换。第一次是做海员，第二次是做咨询师，这一次争取当一个好茶师，推动凤山品牌涅槃重生，实现安溪铁观音龙头的王者归来。"茶师"刘纪恒认为，茶行业必将被定义为"大健康产业"，也因此会得到更广阔的产业资源配置，展现无限商机；同时因茶产业巨大、资源分散，必将诞生颠覆式的、创新型的、适合信息革命时代的商业模式。

将铁观音的龙头地位以及不可复制的原产地优势、技术优势、市场优势、品牌优势，与和君集团的智力优势、渠道资源及新营销平台模式相融合，实现优势互补。"品牌先导+区域整合+创新转型"，将成为安溪铁观音集团新的发展之路。

带着愿景，刘纪恒秉承"正心诚意、成人达己"的核心理念，让众多

——深度解读传奇茶叶的内外世界

安溪茶人看见的第一个动作就是抱团。他搭建了一个平台化公司，把安溪铁观音茶界内目前炙手可热的15个大师组织起来，做出了一款大师茶，引入新的理念，导入商票制度，让"老树结新芽"，茶人抱团一起共担、共享、共发展。

2018年7月5日，依托集团建设的国家茶叶质量安全工程技术研究中心通过科技部验收。只有依托这个国家级工程技术中心，对接基金，孵化全国茶叶优秀产品，这样才能够做到深加工、工业化、规模化。虽然外人看不到集团的内部发展状况，但刘纪恒很清楚集团的发展节奏和发展的关键环节，他笑称："来了个外行不卖茶叶，天天关着门在搞卫生"。

因着安溪铁观音集团长达66年的发展历史，安溪铁观音集团存储了大量的安溪铁观音老茶，刘纪恒很是珍惜集团陈茶仓库里的这些宝贝。

"因为内心有期许，就必定有目标，就一定会有奋斗的动力"。作为"茶师"的刘纪恒，言语间温情款款，如一杯温润的安溪铁观音老茶。

● 原国营安溪茶厂

吴荣山：
新丝路上的茶香使者

　　——深度解读传奇茶叶的内外世界

● 三和芹草洋茶庄园

在福州各大茶市，有家茶企无处不在："三和茶业"。而有个茶人同样无人不知：吴荣山。作为福州市业内公认的茶叶领军级人物，吴荣山创办的"三和茶业"创下太多茶界第一。

从千禧茶王、福建省十大杰出青年农民，到全国农村青年创业致富带头人标兵，再到意大利共和国美食文化使者；从偏远山乡到省城福州，再到走出国门，迈向俄罗斯、法国、意大利、美国等世界各地，吴荣山事茶二十多年来，在国内、国际舞台上不遗余力地推广安溪铁观音，传播中国茶文化，被誉为新丝路上的茶香使者。

位于安溪县城的三和茶文化博物馆，占地3500多平方米，它不仅将千年茶史——呈现于世人眼前，还收集了全世界700多种茶叶茶样，并以"源、谱、经、传、哲、养、作、道、品、俗、器、承"12个关键词，梳理陈列了历史长河中反映茶叶、茶道、茶文化发展的图片、文字和相关实物。浓厚的人文气息和高水准的展陈形式，让参观者忘却了这只是一家茶企建立的民间茶文化博物馆。

1973年，吴荣山出生在安溪县祥华乡的一个小山村，在做烘茶师母亲的熏陶下，他9岁已学会用木炭烘焙茶叶，懂得用木炭匀火烘出"令自己迷恋"的茶香。高中毕业后，为减轻家庭负担，吴荣山走出大山，到省城福州打工。当时福州风靡茉莉花茶，冲泡简易，于是一个念头在吴荣山脑海中萌生：安溪铁观音功夫茶泡饮方法别具一格，在福州定能打开市场。

1992年，吴荣山礼节性地赠送同事们家乡铁观音茶，引起了厂里老板和同事极大的兴趣。从此，吴荣山单枪匹马"边打工边推着自行车推销铁观音"，将茶叶用麻袋一装，每天晚上背到南门、东街口等各大路口去兜

● 三和茶业在威尼斯举办茶文化交流活动

售，艰难地打开了销路。

1993年，吴荣山小有收获，和朋友开办了福州规模最大的茶艺馆，没想到生意惨淡。吴荣山觉得，这是福州人还没有感受到铁观音的魅力。于是，他特意培训了一组铁观音茶艺表演队，让顾客免费喝茶、免费欣赏茶艺表演，再到各地巡回展示安溪茶文化。渐渐地，许多对铁观音一无所知的福州客户，由喜欢进而迷恋上铁观音。

2000年，吴荣山在福州创办首家集文化、茶史、茶博览于一体的"三和茶都"，也就在这一年，吴荣山戴上了"千禧茶王"的帽子。说起当年的斗茶赛，他的脸上依旧兴奋。出生于祥华的他，茶王梦一直在心中。彼时27岁的吴荣山抱着尝试的念头，准备了一个多月，最终从15000多份茶样中一举夺魁，夺得安溪铁观音"千禧茶王"的名号。

至今还有不少人津津乐道那泡"茶王"味道，吴荣山说，这是偶然间拾得。但其实从他对茶的点滴之爱就能明白，这是必然。夺得茶王之名，怎么能是偶然拾得呢？

● 乌龙茶自动化初制生产线

此后，吴荣山的三和茶叶进入快速发展期，走进超市、开启专卖店、走加盟路线，并开启茶文化生态旅游。无论是三和茶文化博物馆，还是35000亩高山生态茶园及有机茶基地，吴荣山都义无反顾地投入其中。

在安溪和福州的业务做得风生水起时，吴荣山的目光放得更远了，他加快了"出海"的布局步伐。查阅诸多史书，吴荣山看到，宋元时期，安溪茶叶与中国白陶瓷、泉州丝绸，都是出口国外的重要物品，被视为"海丝"的重要符号。在新时代，安溪铁观音再度扬帆二十一世纪海上丝绸之路，成为走向世界的一张文化名片，销往100多个国家和地区，既输出产品又输出文化。

吴荣山清醒地看到，只有把茶文化推广出去，才能真正地为中国广大茶农服务。为此，自2010年起，他带领三和茶业走出国门，参加美国茶业博览会、中欧论坛、法国勃艮第茶酒文化交流会、安溪铁观音北美推介会……

在2012年意大利举行的中欧论坛上，吴荣山获"中欧文化交流大使"荣誉；2014年，法国外交部向吴荣山定制中法建交五十周年的纪念茶"莫逆之交"，成为两国传统文化和友谊的生动写照。三和由此开启了欧洲高端定制的序幕。

2015年的米兰世博会适逢中国和意大利建交45周年，三和茶业承接意大利总统府定制的中意建交45周年纪念茶"丝路知音"铁观音；2015年10月31日，意大利总统文化顾问路易斯·高塔特教授在安溪三和芹草洋茶庄园，为意大利总统府"丝路知音定制茶园"揭牌；2017年3月，在希腊总统府，吴荣山与希腊总统帕夫·洛普洛斯共同发布了中国希腊建交45周年的纪念定制茶"莫逆之交"铁观音……

吴荣山认为，以茶为媒，更需文化引领。

2016年12月，三和与意大利总统府合作举办"从古丝绸之路到新丝绸之路"展览，吸引了80多万人次观展，意大利总统马塔雷拉为展览揭幕并全程观展；2017年7月，希腊总统府文化办公室主任希尼亚度到安溪调研茶文化，为"希腊总统府专属定制茶山"揭幕，"茶与文明——中希文化交流茶会"同时举办；2017年9月，在法国里昂市举行的第二届中法文化论坛上，三和茶业再次见证中法交流大事件，为两国文化交流献上最美味的中国味道，会上还成立了中欧茶学社安溪茶文化交流中心。

吴荣山还把目光投向欧洲年轻一代，激发他们对中国茶文化的兴趣与热情。近年来，三和茶业每年拨出1000多万元的专项经费，在罗马、米兰、威尼斯、热那亚等欧洲城市的大学设立茶学社。如今，三和茶学社会员人数超过2000名。

欧洲各国大学的学子们学会穿长袍、泡功夫茶。三和公司给每位会员赠送一套"中国白"茶具，每天赠送一泡茶，培养他们喝茶的习惯。随着爱茶饮茶人群的形成，三和开始和欧洲青年合作开办中国茶道馆。

吴荣山说："很多人笑我痴笑我傻。但我想，就像孔子学院把中华文化推向世界一样，三和茶学社也会将中国茶文化的种子撒向世界，多年后的影响与价值不可估量。"

在吴荣山看来，中国茶叶和欧洲咖啡等饮品不同，它不只是茶叶，更是民族文化传承的载体，做茶更重要的是传播中国茶文化，把中国茶推向世界各地，让全世界都认识中国茶文化，进而了解中国优秀的传统文化。

如今，向全世界传播茶文化，已成为吴荣山的精神自觉。

⑪

高碰来：
百年老茶号原乡光彩

2017年底，福建省非遗乌龙茶（铁观音）制作技艺代表性传承人高碰来，以小罐茶的名义，在北京举办了一场颇为隆重的安溪铁观音高端品鉴会，让"高建发"品牌在京畿繁华地绽放光彩，时距其先祖高榜龙于1908年创立高建发这一商号，已有五代百年。

高碰来系安溪虎邱籍林东村人，高建发商号传到他这一辈，正是百年茶香中国风云变幻的历史时刻。一百年前，高建发创始人高榜龙经营茶叶、丝绸、瓷器等洋务生意。在从闭关锁国到被迫打开国门的纷争年代，

夹缝中求生存的高榜龙遣子高云平漂洋过海，前往华人集中地新加坡，在克罗式街上分设茶行。

此后，高建发商号第三代传人、高云平次女高铭莉，接棒高建发茶行，陆续在新马泰一带开设80余家分店，销售产自家乡的铁观音，后扩张到整个福建乌龙茶系。

彼时交通落后，高家把制作完成的茶叶用木箱打包好后，依靠雇佣牛帮从安溪出发，走45公里山道，翻山过岭，跃安溪龙门，经安溪大坪到厦门同安，再租小船运至厦门港口，辗转海外。时至今日，高碰来接棒祖业，仍旧生产随商号创立伊始的首款传统产品——纸包茶。茶香之外，油印色彩、繁体汉字、佛教玉女或椰树图案，透出浓郁的中外融合风情，持续洋溢东南亚。

中华人民共和国成立之后，高建发商号坚持经营福建茶叶，并于1953年在厦门设立第一家分行。1956年，公私合营期间，出口权交由国家分配，厦门分行被撤销，高建发商号第四代掌门人、高碰来的父亲高清良，回到安溪继续种茶、制茶。之后二十年里，高清良与新加坡茶行的往来受到了阻隔，随着改革开放的春雷响彻神州，高清良立马着手安排铁观音出口事宜。带着配额出口的安溪铁观音茶叶闯深圳，入香港，转去新加坡，让茶号重又延续着这一脉观音雅韵的香醇滋味。

　　高碰来注定与茶结缘，18岁高中毕业后，被父亲安排到漳浦南山农场学茶，然后进入一家国营茶厂工作。二十世纪九十年代初，随着"下岗潮"来袭，高碰来毅然回到安溪，自主创业，决定重振家族事业，倾注心血打造安溪铁观音。

　　高碰来拥有一身制茶技艺，又有海外市场背景，视野宽阔，凭借一股敢拼敢干的力量，很快就迎来了日本方面的订单，高建发商号一举成为日

● 高建发茶园

本三得利、伊藤园等世界知名饮料品牌的原料供货商，且一做就是数十年。

高碰来并不满足于此，他考虑的更多。合作初期，日本还未实施苛刻的"肯定列表"，他就谋划推标准，率先搞联合茶叶产销，实行"联作制"，这让安溪数十万茶农获得实实在在的红利。随着五百强企业纷纷来寻求合作，他更是建金牌茶庄园，探索庄园化管茶法，在茶山嵌入格桑花海，嵌入一批批数字化系统等"秘密武器"，缔造茶产业4.0时代。这一切做法，让高碰来的合作空间越来越大，也就有了前文的那一幕。

省级龙头、品牌茶企领军人物、米兰世博会金奖茶……一路走来，高碰来的企业、他自己、他做的茶，载誉无数，而他最想说的话是："我一辈子做茶，跟铁观音打交道，现在站在巨人（安溪铁观音）的肩膀上，愿为中国茶、中国梦，为大事业添砖加瓦，尽绵薄之力。"

● 高建发茶庄园航拍全景

王艺生：
茶界的"扫地僧"

谈起王艺生，茶界无人不服，无人不敬。这位近70岁的长者，一生都奉献给了铁观音。在业界，人们尊称他为"茶老爷"；在公司，从老板到每位员工，都尊称他为王师傅。这位满头白发、精神矍铄的茶叶前辈在茶界声名远扬。

"恭喜铁观音第12代传人，八马质量顾问王艺生先生荣膺'泉州工匠'称号！王师傅从事茶叶工作半个多世纪，品茶鉴茶，传授技艺。可谓一辈子，一杯茶。获得嘉奖，实至名归！"2017年上半年，八马茶业官方微博发出这样一条微博，一时间，引来大量茶友的点赞叫好。不久前，中

● 包揉

国茶叶流通协会评选首届中国制茶大师，王艺生毫无悬念地获此殊荣。

安溪铁观音制茶工艺名誉大师、八马的"御用"级制茶师王艺生，从事铁观音茶业60载，长年累月地守护在茶园、茶房里，总是一副精神矍铄、功力深厚的模样。跟过他的，知道他的，无不叹服他的德艺双馨。

王艺生是王士让第12代嫡孙，1950年出生于安溪西坪尧阳，从小跟随祖父王兹培、父亲王学尧栽培铁观音、制作铁观音。1966年，15岁的他就已是制茶能手，被聘为小队长，因为他所做出的茶都是一等、二等的高级别铁观音。那还是统收统购的时代，生产队所产茶叶都要卖给收购站，一等色种茶卖到2.58元一斤，二等色种茶卖到2.36元一斤，而一等铁观音能卖到4.4元一斤。尽管王艺生年少，但他一出手就做到最好，这让不少人心悦诚服。

1979年，王艺生身怀好茶技，接替父亲，补员到国营安溪茶厂从事审评、拼配工作，本着娴熟的技艺和高度的责任心，他很快就成为厂内主干。1980年，厂里决定让他专事茶叶拼配，担任茶厂的拼配师傅，这让王艺生有机会领悟到更多的制茶方法。

王艺生看重曾经的这段经历。在多年以后，王艺生这样表述：浓香型铁观音只有拼配才能出极品。而浓香型安溪铁观音拼配的最主要原则就是在香、韵、味上取长补短，通过拼配，可以让茶更加完美。

总结茶叶拼配的效果，王艺生最注重的是原料各自的风格和取长补短，并强调，如果原料之间品质差太远，是无法拼配成一款好产品的。

"茶叶来自各个山头，各个山头上的土壤矿物质都不一样，茶叶特征也就不一样，这就要求制茶人有相当的经验，由经验而形成判断直觉。在这点上，拼配技艺是非常灵活的，十分考验制茶人的天赋以及基本功。"王艺生说。

制茶的天赋和过硬的基本功，让王艺生事茶路上顺风顺水。1982年，王艺生升任茶厂生产技术科副科长。同年，由他领衔拼配的凤山牌特级铁

● 铁观音12代传人王艺生现场教授茶友铁观音的标准采摘

观音获得国家金质奖，他拿到1000元奖金。这在当时是一笔不小的数目，因为直到1995年，茶厂的工资每月也才525元。

1993年，王艺生进入溪源茶厂（八马茶业前身），担任主评茶师，全程把关茶厂产品的质量，一批批茶叶从溪源源源不断地发往国内外。在质量要求严苛的日本市场，溪源从未出现过退货情况，出口日本的高档铁观音茶品，有三分之一是王艺生把关生产出来的。

溪源茶厂华丽升级为现今的八马茶业，其尖刀产品赛珍珠也是王艺生和董事长王文礼等核心团队研发出来的。一泡赛珍珠，耗费了王艺生、王文礼团队3年多的时间，做了不少于千次的实验，其间连续几天熬夜是常有的事。

谈及赛珍珠的秘诀，王艺生笑称，没有秘诀。他说，就像每个人都有一个名字，就像人与人不一样，赛珍珠有一些传统元素是独有的。比如产地传统，赛珍珠的原料来源于安溪铁观音优质区域西坪、祥华、感德等几十个山头，茶园生态良好，管理得当，以施用有机肥、农家肥为主，鲜叶基础好，做出来的茶香气高、滋味好。

茶为君、火为臣，这是传统铁观音精制工艺的精髓。做浓香型铁观音，程序一般是这样的：先做小样，凭经验选择好原料，确定拼配比例，然后开始烘培，以"高级茶低火，低级茶高火"的原则，采取低温慢焙的方法，让铁观音慢慢熟透，内含物继续转换升华，香气逐步发挥，滋味逐步醇厚，一点都急不得。烘焙温度多少，烘焙时长多少，一要根据原料老嫩、季别、山头、发酵等情况，二要根据市场需求，小样满意后，才能加工大货。

何为品质传统？这是业界经常在争论的话题。好茶的香味是清幽而不

● 王艺生给店长传授茶叶知识

张扬的，赛珍珠的茶香就是这样，它的茶汤有质感，滋味甘醇，回甘明显，冲泡8遍以上还有香味和茶味，叶底还像绸缎一样完整漂亮。

王艺生动情地说，把一泡茶做好的过程，就是学到老做到老的过程。制作精品安溪铁观音，必须具备"天地人种艺"五个要素，历经"采晒摇晾炒揉焙"等制作工艺，而做茶精髓是用心、耐心和匠心。

李金登：
闻香识茶，破茶密码

我这一泡茶的主要特征是有明显的兰花香、工艺香、地域香，称为"观音韵"。茶叶外形重实，颜色砂绿明显，茶水金黄、清澈明亮，回甘快，叶底肥厚软亮，余香高，俗称"七泡有余香，绿叶红镶边"。

其实一泡好的茶叶，要有好原料，我这泡茶叶的原料，来自我们合作社海拔850米的茶山。到今年是第六年，这一季秋茶生长期为58天。我们采用最传统的耕作方法管理茶园，全部人工管理，没有使用任何化学肥料，全部使用有机肥，全部采用生物方法防治病虫害。

　　这季鲜叶全部采用"两遍采"，先采一芽两叶成熟度相当的大叶，第二遍再采其他成熟度相当的叶子。采摘大叶原材料时间是从中午12点到下午4点，晒青时间在下午4点，大约晒10分钟，失水率在5%左右。

　　按最传统的四遍摇青法，第一遍在下午5点开始摇，把从12点到4点的茶青摇均匀，第二遍在下午6点30分，把茶青摇活，让它均匀走水，第三遍在晚上8点30分，就要把茶青摇香，第四遍在深夜11点，把茶叶的"韵"摇出来。

　　在第二天凌晨4点，把茶叶放入大筐里"发酵"，凌晨6点开始杀青。用传统制作方法，把茶叶杀青后放入揉捻机揉，适当揉出部分茶汁，容易包揉造型，以保持茶叶外形的砂绿色。再放入烘干机初烘，使茶叶散失部分水分。用速包机把茶叶做成球状，放入平板机包揉，把茶叶揉成颗

粒型。

　　然后再复烘、复揉，包揉要反复十多次，直到茶叶外形颗粒重实、砂绿明显。最后烘干，为让茶叶品质得到长久保证，烘干时间为3小时30分左右。

　　……

　　这是在位于中国茶都的品鉴店内，李金登详细描述自己做茶过程的讲话。在2017年10月7日安溪铁观音大师赛上，这泡茶让他夺得了赛事的冠军头衔。

　　李金登，男，1976年生，安溪虎邱人，首届安溪铁观音大师赛第一名，获得100万大师研究经费；其代表性茶品拍出108万元/斤的价格，拍卖所得款项悉数捐献给安溪县扶贫开发协会。

　　稳重、低调、言语不多，是大多数人对李金登的第一印象。他生于安溪名优品种茶黄金桂、雪梨发源地，一个叫虎邱双都的小山村。

　　初中毕业当年，李金登16岁，

为减轻家里负担，他在老家茶村里教书。李金登常听周边茶农念叨安溪铁观音制茶"八字诀"，说谁能破解，谁就有用不完的财富。于是，李金登追问一位老茶农，他说出秘诀："看青做青，树叶成金！"

李金登后来说，这句话让他念念不忘。教了两年书后，扔下课本，李金登买了大量的茶书来看。书中有这样一句话："制作一泡铁观音，重点是'看天做青、看青做青'，做出观音韵。"书里的话，让李金登欣喜若狂。看天做青，就是根据天时地利来做茶，这很容易理解，但另一句"看青做青"的秘诀还没有点破，李金登糊涂了。

茶忙季节，李金登跑到西坪、龙涓、感德、祥华等乡镇，向当地的制茶师傅们讨教"看青做青"的秘密。看青做青，就是说铁观音制作环节中，摇青最重要。摇青就是做青！而怎样摇好青，有的师傅不想讲，有的不懂讲。

但每次去偷师，李金登都会注意到，在茶叶进入滚筒摇青时，师傅们都会待在跟前，静立着，神情特别庄重。偶尔他们会说一句"来了"，就开始杀青炒茶。

原来"看青做青"重点在于"闻香"，通过闻空气中的茶味，来辨别茶叶发酵的程度，以适时下锅杀青，抓住神秘的"观音韵"，稳定茶叶品质。李金登顿时明白"八字真经"的奥妙在这里。

看青做青，说白了，就是要懂得"闻香识茶"。李金登如饥似渴，翻阅大量茶书，书中讲到，安溪铁观音青叶中含有几十种香气，而成品安溪铁观音香气也达数百种。这么多香气互相作用，就是观音韵所在。

然而，这么多香气，怎么辨别得来？李金登又糊涂了。恰好，李金登家乡双都这个小山村，有个茶品种有特殊的梨子香味，都传了好几代。李金登决定先在小品种茶上锻炼"闻香识茶"的本领，毕竟只需要辨别梨子的味道。

一边看书，一边实验，李金登的梨香茶做得特别好，十里八乡的茶农都来品，各地的茶商也纷纷赶来买。李金登回忆说，他做的梨香茶还曾卖出过比铁观音更高的价格。

正当李金登小有得意时，有个老茶农冒出来，对李金登说："好是好，你的茶还是缺'水'了。"喝茶不就喝香喝水嘛！李金登当场表示不服，夸下海口说："你若是说出个子丑寅卯来，我当你的小孙子！"老茶农微笑着说："好茶一摇皮、二摇筋、三摇香、四摇韵！"说完拂袖而去。

老茶农走后，李金登冷静下来，翻看茶书，细细回味。原来，"闻香识茶"要重点体会香中的韵，透过茶叶的皮骨抓住茶叶的灵魂，这才是重中之重。有了老茶农的点拨，李金登赶紧实验一番，然后带上茶叶到老茶农家，又是道歉，又是道谢……

梨香茶能做好，但铁观音香气那么多，能不能通过闻香识茶法做好呢？闻香首先得懂香味。李金登介绍说，关于铁观音的各种香气，关于观音韵，有人说像果香，有人说像花香，有人说像稻香，还有人说像牛奶香。

为了辨别各种香味，李金登想到的办法是，买回时鲜水果、收集各种各样的鲜花来品闻。为此，他邻居家的那些小朋友们最喜欢来他家串门吃"免费水果拼盘"。而李金登的好友则笑话他，都一把年纪了还买花送老婆"秀恩爱"。

在朋友们的笑谈中，李金登秀了好几年的"恩爱"。"闻香识茶法"

　　——深度解读传奇茶叶的内外世界

终于学成，对于什么香，什么时间摇青，他逐渐在心中累积起一张"时刻表"。

而真正让李金登一举成名的是2017年安溪铁观音春茶上市之际，在安溪举办的那一场声势浩大的百万重奖安溪铁观音大师赛上，李金登亮出他的"闻香识茶法"，屡试不爽。做茶时，他用闻香识茶法，讲茶时，他讲闻香识茶法，评茶时，他一如既往地运用闻香识茶法。一招鲜吃遍天下，凭安溪铁观音宝库里那么一点点的宝物，就让李金登一举成为最大赢家。

至此，安溪铁观音大师诞生，迎接李金登的是崭新的辉煌与征程。

王清海：
三十年漫漫茶路

2016年，王清海一举销出26万斤安溪铁观音；2017年，拿下安溪铁观音大师荣誉后，王清海在安溪当地金融行政服务中心、商政企人士频频出入的地方，亮出了自己"浓韵汇"门店的彩色大字，吸引众人目光。

王清海祖籍安溪剑斗，出生于二十世纪七十年代初，父亲王先节担任剑斗镇后山茶场"一把手"，做了二十六年场长。7岁时，父亲告诉王清海，茶叶很珍贵，一叶茶青就相当于一分钱，可以买两颗糖了，这让王清海印象深刻。

王清海仅读了两年高中，17岁时，恰逢父亲内退，儿子本可"补员"到公家单位，让父亲给觅一份工商或税务的热门职位。不曾想，王清海自己选择接下老父亲的班，进入茶厂当学徒。

安溪铁观音注重摇青，彼时后山茶场5台摇青机，分5个机长，王清海被分到其中一个机长身边跟班，一路学摇青、炒制、审评。在公家茶厂"修炼"三年，王清海出师。当感德岐山茶叶加工厂来"挖人"时，由于看到岐山的茶叶精加工技术，还有不错的薪资，王清海一时心动，就去了。

在岐山茶厂没干几年，合伙人出现状况，茶厂解散，王清海随即失业。幸好当时家里开了茶园，王清海决定自己干。年富力强的王清海满腔激情，有时一季春茶只采8个时

日，他连续8天每天手工包揉65枚茶球，经历了千百遍的搓揉，他也不嫌累。做完茶，王清海还要东跑本地剑斗茶市，西奔更远的西坪茶市，收茶、售茶。

一斤茶卖9到11块钱，多卖就是多赚，王清海有这个耐性。然而1995年，王清海遭遇广东茶客的欺骗，茶生意遭遇了大挫折，幸得当地茶商王铁钢的帮助，渡过了危机，但他的心也凉了半截，准备一心跟当时在镇上开服装店的爱人一起干。正当那时，王铁钢又来了，他找王清海合作，要他制作的全部茶叶。王清海的茶确实好，经二次烘焙，在厦门卖到20元一斤的高价，让王铁钢小赚一笔。

王清海的信心和激情又回来了。此后，恰逢安溪铁观音在全国茶市形势见好，王清海就自己做茶，还收购茶叶卖给不断寻来的茶商茶客。王清海收茶，不用开泡，直接看茶定价，若是茶商相中，直接加价10%拎走。用王清海的话说，那是茶叶自购超市，采取"批发茶、透明价"模式，算是他的首创，后来成当地茶商效仿的办法。

2003年，王清海迎来事业巅峰期。每到茶季，每天6点到8点半，王清海在位于剑斗市场的店面收茶，至少有500名茶农会提着用塑料袋装着的新茶前来。8点半他的自家门面收摊，稍作整理后，中午12点，王清海准时奔赴感德或祥华其中的一个收购点待至下午2点，轮换着地点收茶。当年，每天批发出去的茶叶都值五六十万元，而自家茶桌上的口粮茶也都会被一扫而空。

王清海赚了个盆满钵满，而后在安溪县城买店面。仅2016年，王清海卖出了2600担安溪铁观音，每担均价有百来元，成为安溪当地人人称羡的"千担王"。

很多人只知道王清海会卖茶，如果没有安溪当地的茶师比赛，也许鲜

有人知王清海也会制茶。2017年，春茶上市前夕，安溪县发出百万重奖的茶师"悬赏令"。王清海报名参赛，很多人就开玩笑说他是去蹭"大锅饭"的，没想到王清海一路过关斩将，从乡镇遴选的40名选手中胜出，作为代表到县里参赛。县赛高手云集，要会做茶，会讲茶，结果王清海一路轻松过关，成为了首届安溪铁观音大师，拿下百万大奖。

大师赛一战成名后，他与安溪当地一干爱茶人，抱团开设了"浓韵汇"品牌店。做好茶，品好茶，让更多人感受安溪铁观音茶文化，这是他最朴实的心愿。

⑮

刘金龙：
和田野有个约定

2017 年秋冬之际，当年的安溪铁观音已收获完毕，江苏卫视的热播纪录片《茶界中国》已进行到第七集"田野的约定"。其中，纪录片展现了这样的唯美镜头：悠闲的茶尺蠖、蚯蚓和蜘蛛等生活在同一环境中，与茶树一起构成可延续的生物链。

让那片属于安溪龙涓举源村牛眠坪布岩寺的茶园田野生物链不断延续，是安溪茶农刘金龙一直努力的方向。与茶叶打交道近40年的刘金龙，执着于茶树生长的每个细节。把茶树当伙伴，把茶农当亲人，他在当地被亲切地称为"茶农大师"。

刘金龙是60后，12岁时他到厂里当学徒，以一泡暑季好茶轰动了整个大队。

刘金龙做茶有个习惯，就是次次不离"三"。按他的话说，制茶各道程序，要用3种不同的方法进行，并记录在小本子上，反复比较细节，再实施改良。别人只在家里埋头制茶，或开店收茶，他则常骑摩托车到山上转圈，在茶园待一待，看一看茶树，摸一摸茶青，把茶树当朋友一样看待。

2008年，刘金龙建立了举源茶叶合作社，专门事茶，管理大片的茶园和几个茶厂。有刘金龙亲自操刀，举源很快办出了名堂，茶质价同升，社员忙碌有序，八方茶客徐来，很是红火。

但刘金龙还是保持一贯的清醒，认为优越的茶园生态最重要。当别人依样学样，不断扩张之际，刘金龙则在合作社的茶园田野里导入产品溯源系统，了解茶树栽培过程中病虫害防治、施肥、修剪、除草、种植、耕作等日期及用药量等情况，潜下功夫来，做鲜叶采摘和流向记录，整理好鲜叶采摘日期、采摘方式、数量、初加工工厂名称及农残检测报告等信息。

2011年，刘金龙在安溪县城开设文化店，打出的旗号就是"有身份证的茶"。随手拿起桌上一小盒茶叶，用手机扫描一下产品包装上的二维码，可清晰地看到商品编号、形状、生长季节、生产时间等内容。每一包茶都有一个条码，通过条码可查询全天候茶园管理项目。从茶园到茶杯，茶的"前世今生"，便一览无遗。

在这一过程中，刘金龙发现，茶有身份了，茶树必须在生长的环境中找到更好的"存在感"，让其回归自然状态。为此，他在合作社的茶园田野当中，实施"非常'6+1'"管理法则，用6个"留"，管好一棵茶树，以期制出一泡好茶，展现一片好景。

按刘金龙的管茶办法，首先是"留高"，就是留下高海拔区域茶树，再者就是让茶树长出原本物种特性的高度，让修剪机械"手下留情"，改过去一律的"平头修"为适当的"整理修"，留出"大枞茶"来。

走进举源茶园，一棵棵与人比肩的大茶树整齐排列，仿若走进茶的丛林，这就是刘金龙口中的"留茎"，有利于茶树吸收足够的养分。树有多高，根有多深，养分就有多足。刘金龙认为，茶树只有长高到一定程度的，树茎才足够高大，根系才足够发达，生命力则更强，吸收营养成分更多，抗旱、抗涝、抗寒、抵抗病虫害能力也会大大提高。

再者，"留绿"。茶园注重冬管，比如施用牛粪、羊粪等农家肥或有机肥，封园后在茶园套种绿肥类植物。次年三月，所有套种的绿植，可以全部转化成茶树的肥料，既防止水土流失，又保持了生物多样性，改良、提高了土壤肥力。等到下半年再改种豆科植物，全年不使用农药和化肥。这样，茶树生活在更接近天然的环境中，培育出的茶叶才更纯正。

还有，必须给茶树"留宽"，适当稀植。每亩茶园的株树、茶树之间都要保持一定距离，让茶树自由呼吸。茶树疏朗了，茶园更加通风透气，光照效果好，病毒、细菌、虫害不容易发生，培育出来的茶树也就特别健壮。

　　另外，必须"留草"，在园中适当留草代替深翻，对草"以割代除"。刘金龙认为，草根能帮助疏松土壤，草腐烂后变成有机肥料为茶树补给养分。只有高过茶枞的草才除，其他则留，使"山、水、草、虫"自成生物系统，良性循环、和谐相生。

　　最后，就是"留景"。好山好水出好茶，刘金龙有个目标，将"名山名枞"与"名师名茶"相结合，打出当地"牛睭坪布岩寺"大枞茶的名号，配套种植沉香、小叶紫薇、樱花等名贵景观树种，有规划地做休闲观光农业的准备，让来客既能喝到好茶，又可以悠闲赏景。

　　遵照自然法则，刘金龙的"小伙伴"们与大自然共生共荣，整片茶园呈现可持续发展状态。对于他亲自呵护长大的茶园，刘金龙像对待真正的朋友那样，耗费大量时间、精力、资金，对茶园毫不吝惜地付出着，夜以继日地坚守着。

⑯

黄琴：
铁观音电商女神的破亿佳话

正是黄琴的力挽狂澜，让铁观音电商业绩从无到有，实现了安溪铁观音龙头企业八马茶业在电商领域中的华丽"逆袭"。

铁观音电商多年占据着全国茶叶电商20%左右的份额，八马茶业顺应销售新趋势，于2010

年上线自有官方商城，开启电商渠道的探索与布局。然而，并没有想象的那么顺利，两年时间的磕磕绊绊，八马电商在市场上没有取得实质性的突破，改革势在必行。

那时，发展不尽如人意的电商部门成为该公司的烫手山芋，就连外请的咨询公司也是一筹莫展。正在大家不知如何是好的情况下，黄琴首先站了出来。

黄琴是位80后的美女，出生于华侨之乡广东梅州，因为与铁观音结缘，她不仅选择了八马公司，还成为了安溪杰出茶人、八马茶业总经理吴清标的贤内助和工作助手。因为她有爱心、有担当，在公司，人人尊称她为"琴姐"。

"要坚决打赢这场硬仗！"2013年，原为人力资源总监的黄琴在八马掌门人面前立下军令状，上任八马茶业电子商务中心总经理。

刚到电商部门，黄琴就雷厉风行，带领团队不断走访优秀电商企业，实地参观学习，不断取得真经。

在摸清电商发展规律后，黄琴大刀阔斧地进行了改革，第一步就从产品下手，摒弃不适合主推的电商子品牌"18渡"，与线下推广保持一致，主推铁观音系列，且提供线上专供款，使线上产品年轻化，价格亲民化，抢鲜生产出更受用户欢迎的"那杯茶"。

第二步，黄琴女士主张向营销模式开刀。电商营销力必须迅速，突出创新。为此，她摒弃了电商托管，从团队中深度挖掘营销人才，团队里没有，就四处求贤用士，启动线上全渠道布局，全面出击京东、天猫、唯品会、1号店等主流电商渠道，并在网上银行平台、电视购物渠道、商超网上商城等渠道生根发芽，紧跟平台活动节奏，创新宣传方式，让八马茶业电商如虎添翼，进入发展的全新阶段。

●黄琴与电商团队

● 电商宣传活动

　　第三步，从服务端切入。黄琴说，顾客是上帝，粉丝是衣食父母，对于客户，"即便是他虐我千遍，我依然待他如初恋"。八马电商初创期，由于人手紧张，服务速度远远跟不上需求。黄琴女士为给顾客带来快速贴心的服务，每天加班加点，既当客服，又到仓库整理单据打包送货，凌晨2点到家那是家常便饭。与此同时，黄琴采用专业CRM管理系统对客户进行管理、分析和营销，增强客户黏性，提高转化率，提高客单价，不断升级后台订单系统及优化分拣中心，倡导员工快乐工作，实行弹性化、人性化管理。

　　经过系列改革，黄琴和她的团队逐渐提高战斗力。2013年"双十一"，八马茶业电商迎来大爆发，天猫旗舰店一天营业额提升至428万元，同比增长高达867.1%。

2017年，黄琴团队更是大施拳脚，厚积薄发。"双十一"天猫营业额定格在1062万元（全网1459万元），截止2017年底，八马茶业"双十一"销售业绩已连续三年稳居全网乌龙茶类目第一，全年电商突破1.5亿元，电商部每个员工贡献500万元业绩。

当然，大放异彩的业绩不光在天猫淘宝平台。2017年1月，八马京东自营店销售额突破千万，同比增长超过600%，业绩远高于同品类商家，成为京东自营茶品类首家月销售额破千万的品牌。

在2017年初举办的"2016京东商城消费品事业部合作伙伴大会"上，八马茶业荣获"2016年度最快成长奖"，成为茶行业唯一获奖品牌。

面对发展迅猛的业绩，黄琴时刻保持清醒的头脑，她时不时到仓库查

看茶叶储存情况，并促成八马电商加入京东品质溯源防伪联盟，保证供应链环节端到流通端全流程的质量安全。

另外，部门不定期组织线上顾客茶友会，与顾客面对面交流，倾听顾客意见。只要有空，黄琴还参加各种沙龙，她说："看到别人成功之处，你就会感觉到饥渴，时刻保持向上的动力。"

纵观八马电商的发展历程，他们能够做到从零到亿的业绩，依靠的是像黄琴这种团队领军人的担当和亲和力，依靠的是团队的齐心协力。八马电商始终坚持以顾客为中心，不断完善服务，勇于创新，适应电商发展，让更多人享受茶的健康与快乐。

张顺儒：
我愿意当个农民大哥

在茶乡安溪，很多棘手的事情往往只需要一杯安溪铁观音就可以轻松解决。于不惑之年获奇书指点，用儒家经典治茶，创办儒家茶业的张顺儒，几年来在中华传统儒家文化的滋养下，事业做得顺风顺水。倒是祥华老家茗村东坑，出现了百年难以化解的大事，让他费了不少心思。

张顺儒的老家东坑，原名公卿。相传，永春人周从良路过，曾题"凤舞对公卿"，由此获名。村民皆姓张，600多年前，自其先祖迁入肇始，便以茶为业，如今家家涉茶，3000多人口中，有150多人带着家乡茶、特产，

把200多家茶店开到大江南北，让东坑茶叶泡出来的茶水，滋养着天下茶客。

闽南人重视祖庙，讲究修谱。张氏入东坑累积下来的百年族谱，在二十世纪五六十年代几尽销毁，以致祖宗牌位世系混乱。一方长老以入东坑的张氏为一世祖，另一方则从更远的源头算起。两派纠缠不清，愈演愈烈，甚至闹出年轻人砸对方祖宗牌位的事情来。

张顺儒站出来，召集当地长老商议重修族谱。有位长老说，好事，不过主持重修族谱的人还没出世！张顺儒不直接回应，而是叫大家继续喝茶。

随后，张顺儒多方奔走，利用残存族谱，终于对接到源头。有了依据，他再次召集长老。"但列祖列宗都立了牌位，上了堂的。"长老们担心牌位不好改。

"别忘了，茶通三界，咱们敬一杯茶给祖宗，不就可以了吗？"张顺儒的一句话消弭了长老们心中的余虑。随后，东坑修谱事宜如期进行，待圆谱大典后，张顺儒举行了"奉茶进祖"活动，用一杯安溪铁观音告慰祖先，顺利替换下世系从东坑开始算起的祖先牌位……一场弥漫在东坑的硝烟，在一杯茶中散去。

　　事实上，用一杯好茶化解争端是张顺儒一贯的风格。爱茶，愿意为茶农做点事，愿意听茶农说心里话，这让曾当过中学老师的张顺儒成为安溪茶界里被茶农广泛认可的"农民大哥"。

　　这个农民大哥可不是那么好当的。祖籍东坑，却不生于当地，从成长到重返东坑，张顺儒经历坎坷。张顺儒祖父辈原本生活在东坑，善耕精作，收成总比别人好，在二十世纪五六十年代，因被定为地主家庭，张家

● 张顺儒带安溪县农民讲师团茶园讲茶

人被迫流落到邻乡蓝田。

张顺儒在蓝田出生、成长、入学，考入泉州师范学院英语系。毕业后返回大山深处长坑崇德中学任教。尔后下海从商，从濒临倒闭的校办印刷厂开始，擎起雁塔印刷的地方品牌。

创业有所成，一颗对安溪铁观音与生俱来的仁爱之心，让张顺儒一直考虑为家乡做点事。2008年，张顺儒走进当地一家书店，见一本叫《四十男人的选择》的书，书中的创业心路，令他豁然开朗。也就在当年，在张顺儒四十不惑之际，儒家茶业从容诞生。

彼时，安溪茶产业发展得如火如荼，茶企如雨后春笋般出现，品牌层出不穷，竞争日趋激烈，必须差异化发展。张顺儒找到安溪祥华泰湖岩茶场负责人张招娥，将其"招安"，聘请张招娥为首席茶师，将谋思已久的"传儒颂雅、崇德兴茶"品牌体系搬出来，亮起了"儒家茶业"的旗帜。

　——深度解读传奇茶叶的内外世界

推谢师茶、拓儒芳苑名优茶、做儒家茶配套、办"儒风茶韵"培训、设儒雅包装……从安溪铁观音，到百茶共荣，到配套发展，"兼济天下"的儒家思维，被张顺儒运用得风生水起，儒家品牌分店专柜遍布全国各地，"著名、龙头、示范"等各种荣誉持续加冕。

经过数年的努力，儒家茶业步入正轨，渐行渐大，也带领着一批当地茶人成长起来。此时，张顺儒又返乡，把东坑全村茶农组织起来，成立东坑共赢茶叶专业合作社，对接在外百家东坑茶品牌、茶店。为让乡亲们的口袋更殷实，他还把茶山下田园里的"东坑山药"打包起来，随茶推向山外繁华城市，让每家每户乡亲过年过节多收"三五斗"。

张顺儒的心里，始终装着安溪铁观音，装着一个产业。2013年，安溪县成立农民讲师团，张顺儒被推上团长的位置，给茶农宣讲致富经，之后

张顺儒"农民大哥"的角色定位更清晰了。

近几年来，在安溪的层叠茶垅间，人们经常能看到，在一面招展的红旗下，有一支队伍进农家、到田间，讲惠农政策，授脱贫技能。"到2017年年底，累计深入24个乡镇巡讲420场，茶乡近7万名村干部和农民受益。"系列数据里，藏着张顺儒这位茶农大哥数不清的脚步和言语。

除带好茶农外，张顺儒也不时关注着安溪那分布于全国各大茶市的二十万茶商这一庞大群体。纵观很多茶店，有兄弟店、夫妻店、姐妹店，但大多缺乏品牌意识、营销手段，为弥补这一不足，张顺儒牵头成立了民间斗茶交流协会，以安溪茶人喜闻乐见的斗茶为"号令"，把茶市的安溪茶人组织起来，让其强大起来。

这样做的好处是，能够让安溪在外的营销大军随时与家乡的茶农茶家保持产销对接，更好地合作共赢。张顺儒也带头用他的省级龙头品牌儒家

茶业，与安溪铁观音大师李金登合作，推出安溪铁观音大师茶品专柜，打出"心中有观音，茶店来展现"的口号，对此，全国各地的安溪茶商更是一呼百应。

安溪家里的茶农有事，找张顺儒；安溪在外的茶商遇到瓶颈，电联张顺儒。这位农民大哥被越来越多的茶农茶商敬重，2018年，张顺儒被推选成为福建省第十三届人大代表。

现在，这位农民讲师团团长、茶农大哥，要做的事情更多了。

龙岩市
Longyan City

大叶乌龙发源地
（长坑珊坪）

长坑高仁休

尤俊农

梅占发源地
（芦田三洋）

S207省道

铁观音发源
（西坪松

漳州市
Zhangzhou City

黄金桂发源地
（虎丘罗岩）

——深度解读传奇茶叶的内外世界

N
W
E
S
S307省道
国心绿谷茶庄园
KECO
国心绿谷
李光地故居
清水岩
福建农林大学安溪茶学院
凤山风景旅游区
花千谷
安溪文庙
安溪凤山茶叶大观园
铁观音发源地王说（西坪）
本山发源地
(西坪尧阳)
佛手发源地
(虎邱骑虎岩)
安溪铁观音集团
中国茶都
泉州市
Quanzhou City
洪恩岩风景旅游区
S206省道
福建八马茶业有限公司
志闽生态旅游园
肉桂发源地
(大坪坪洲)
厦门市
Xiamen City

第三章

茶势：中国功夫，
匠心独韵

品种之优、栽培之难、制作之精、品尝之雅、功效之强构成了铁观音"五绝"。

　　铁观音是世界茶叶科技进步的缩影。它具有特别好的DNA，是优秀天然杂交种，香气成分多达数百种，其制作工艺堪称世界茶叶的伟大发明，它让茶叶品质发挥到极致，转化和释放出无与伦比的芳香物质和呈味物质，令口感丰富多彩有层次感。

　　特别是传统铁观音，注重表现茶叶的韵味，滋味浓酽，香气丰富高扬，以"兰花香、观音韵"的方式诠释茶汤，达到"杯面迎鼻，芳香溢齿颊，泽润喉吻"之境。可以说，观音韵的味蕾表达，至今无茶能及。

① 安溪人以敬畏之心来种茶

《茶经》有云，五千年前，神农尝草遇毒，得茶而解，这一典故或许表明了，茶的出现是为了保护人的健康。在安溪当地，茶叶被称为"茶芯"，这说明安溪茶、安溪铁观音作为草木精华，作为护身良药，是被历代安溪茶人悉心呵护的。

在安溪这片"不宜稻菽"的土地里，当地先民习惯在秋冬之际在收获过的土地上收集被丢弃的稻草、干枯的地瓜藤，将它们铺到翻过土壤的茶园茶树底下，既防止茶树冻害，又改良土壤。或者到处捡拾柴草，并将事先用锄头锄出来的"山田土疙瘩"垒至其上，点火烧土，再将"烧熟"的

热烈祝贺

安溪铁观音
以1424.38亿元蝉联
中国区域品牌价值
茶叶类第一位

注册号：1388991　地理标志证明商标

经安溪县茶业总公司许可使用
许可证号：AT-XXXXXXXXXXXXX
官方网站：www.anxitea.gov.cn

土，"喂"到茶树枝干底下。这都是安溪当地先民为了获得一泡好茶摸索、总结出的智慧经验。

原国营安溪芦田茶场生产部主任林玉池回忆说，他曾经在化肥与稻草之间做过科学权衡，认为有机肥更有利于茶叶质量和土壤质量的长效改良。于是在农资匮乏的时代，从茶场获得了化肥奖励的他，毫不犹豫地用当时人人都想拥有的"臭肥"（碳酸氢铵）去跟当地农民换回了一担担的杂草、地瓜藤等。"坚持使用农家肥，为农场赢得了一块块奖牌！"

事实上，这一办法时至今日仍被安溪当地茶人推崇。安溪原本跟千里之外的内蒙古大草原扯不上什么关系，但有一次，安溪感德当地有位茶农"脑洞大开"，托朋友的顺风车拖回了一车草原羊粪，给自家2亩老茶园增加点"营养"。这一"神来之笔"，很快就在当年秋茶"见效"。用草原羊粪施肥生产出来的茶叶品质极佳，色泽清鲜亮丽，茶汤浓郁甘醇、回味悠长，有天然花香。用他的话说，"老茶树做出了新茶味"。一时间，"北肥南调"的做法在安溪当地茶农中间传开。

要让茶好喝，就得先让茶树"吃得好、吃得合理"。有的茶农还常常跑茶科所，给茶园测土、配方，为茶树量身定制"食谱"。在安溪当地，有茶农通过专家知道"茶树生长需要蛋白质"，就给安溪铁观音茶树"喝上了豆浆"。

"一季茶灌一遍豆浆，这样每亩茶园仅黄豆就需要1吨多，成本得数千元，还不算底肥、人工费等。高投入换来高产出，常常是采茶期未到，就有人跑来茶园预订。"茶农的账都算得好好的。

在安溪茶家，像这样的"土办法"不胜枚举。而这系列"土办法"能够管用，还得益于很多其他力量的长期推动，这些背后的力量业已形成一

● 茶叶科技人员扦取土样

整套体系。

在安溪当地，从官方到民间，大家都认同一个道理：出好茶的地方必须具备"头戴帽、腰系带、脚穿靴"的生态环境。"头戴帽"指茶园上端林木茂密，"腰系带"指茶园中部有种植隔离带，"脚穿靴"指茶园中设有护坡防沟，茶树处于密林的怀抱中。也只有这样的环境才有利于铁观音形成天然的香气和空谷幽兰般的稀有品质。

高茶质，一直以来是安溪当地政府和众茶人的准则和方向。当地政府以强有力的行政作为，下大力气对茶叶种植、生产、加工、流通等各个环节进行标准化、规范化管理，构建从茶园到茶杯的全程质量安全防护网，确保进入市场的每一粒安溪茶都是安全、放心和健康的。

在种植环节，建立农事管理记录制度，成熟运用"农资监管与物流追

　——深度解读传奇茶叶的内外世界

踪平台"，规范农资管理，要求企业生产基地按照无公害、绿色、有机和GAP（良好农业规范）标准进行管理，对专业合作社实行双重记录制度。在加工环节，建立进货、加工、销售台账制度。在流通环节，建立规范标识、实名登记、刷卡交易制度。在监管环节，建立信息管理制度，在全县构建涵盖茶叶生产信息、防伪标识等内容的茶叶质量数字信息系统，开发建设"互联网＋智慧农业"安全生产监管电子平台。

2017年6月，在北京"全国食品安全宣传周"上，从安溪"搬"来的茶山茶园，给盛夏的京都带来了飘着浓浓香韵的凉意。蓝天白云之下，青翠欲滴的铁观音茶园里，安溪县农业与茶果局的执法人员正在对茶农使用的农资进行检查，只见执法人员手持终端，对茶农的农资购买卡进行扫描，农资的报备准入、招标的内容就可一览无余……

● 意大利全球地理标志研讨会

安溪铁观音地理标志

| 注册号：1388991 | 地理标志证明商标 | 登记证书编号：AGI02286 |

经安溪县茶业总公司许可使用
许可证号：AT－XXXXXXXXXXXX
官方网站：www.anxitea.gov.cn

除此之外，还有虚拟现实（VR）、宣传片、电子翻书、多屏互动投影系统、沙画表演……安溪人用时下最时髦与直观的方式，展现了"从茶园到茶杯"的安全防线成果。

不仅如此，通过点击"茶园视频监控""茶园生态数据""生产视频监控"，还可以了解茶园农事实时情况、茶叶生产加工状况，而钾离子、硝酸根离子、铅离子、温湿度、紫外线等大环境生态数据每隔5分钟就会自动更新。

这是安溪当地政府在示范茶园茶树上安装的"现代智能装备"，正在推广、应用到安溪的每一泡茶上面。而这样的一泡好茶，沉淀的是安溪当地政府和茶农的"四心观"。

茶市向来紧跟茶人越来越"刁"的口味，但跟着茶人变，容易丢失自己的初衷，只有往高处站、往深度思、往未来靠，以不变应万变，才是硬道理。2016年秋茶收获完毕，安溪当地政府在一场全县的品茗会上，向茶农、茶企、茶商提出了"不忘初心、坚定信心、秉承匠心、上下同心"的"四心观"，用以适应瞬息万变的市场，走好安溪铁观音"二次腾飞"的长征路。

当然，除了观念的提出，也有具体到细节的"四化"作为支撑。

庄园化。到过茶庄园的客人都青睐"眼见为实"的庄园茶，相信这才是健康绿色的好茶。有茶人认为，这几年外界对安溪铁观音有误解，只有通过庄园式体验，让消费者阅读到茶叶的"完全成长日记"，才能彻底打消他们的疑虑，从而成为安溪铁观音的深度爱护者。

去冰箱化。安溪铁观音，特别是发酵偏轻的清香型铁观音，需要冰箱进行保鲜，这让追求方便、快捷的新一代爱茶人认为"颇为不便"。为此

安溪当地政府提出"去冰箱化"课题，不再一个劲儿地求鲜爽，而要在晒青、摇青等环节，在半发酵程度等技术上，进行把控，出产"不用放冰箱的好茶"，来引导消费市场。

地标化。国标《地理标志产品 安溪铁观音》（GB/T19598—2006）明确规定：只有在安溪辖区种植、生产的铁观音，才是安溪铁观音。安溪县已经实施多年地标使用和管理的制度，同时，安溪进一步加大品牌保护力度，深入北京、山东、广东、贵州、海南等地，开展跨地区打击经销假冒伪劣安溪铁观音产品行动，跨地区协助当地监管部门，依法对销售假冒安溪铁观音违法行为进行立案查处。

标准化，规范生产全过程。这几年，安溪县遵循传统制茶工艺和国家标准，规范管理种植、生产、加工、流通等环节，同时对泡饮程序、品质风味、感官鉴定等加以规范，形成较为完善的茶叶标准化体系，从而涌现出一批生态茶、基地茶、庄园茶、合作社茶、有身份证的品牌茶。

　　——深度解读传奇茶叶的内外世界

②

破解误区、正本清源

如果做问卷调查，问及喜欢安溪铁观音且一直喜欢的理由时，资深"铁粉"一般会说，初识安溪铁观音，就一个字，香！再闻安溪铁观音，很香！最后着迷于安溪铁观音，非常香！

专家称，有的茶类香高而味淡，有的茶类味醇而无韵，很少有茶类能够像安溪铁观音，在韵、味、香三方面都充分体现"兰花香，观音韵"。

自铁观音横空出世以来，就以"兰花香，观音韵"这一非凡特质征服了无数茶客的舌尖。特别是改革开放四十年以来，全国经济市场大开放，安溪人见机会来了，祭出了独门利器，带着洋溢"兰花香，观音韵"的安溪铁观音走出深山，一举惊艳天下爱茶人。

像舞台上的明星一样，盛名之下的安溪铁观音，不仅常常被并非原产安溪的"明星脸"铁观音们模仿，被误读，还时常为这些仿冒品背黑锅，并且招来了"莫须有"的"绯闻"。

本书梳理了安溪铁观音被误读的"十大误区"，以便广大爱茶人更好地辨别是非，不再听信那些失实的流言；同时，对误区的辨析，能启示茶农们以科学方法种植、以标准工艺制作出正宗合格的安溪铁观音。

误区一：越绿越好。传统正宗的安溪铁观音外形色泽砂绿油润，汤色金黄或金黄泛绿，金黄色是主色调，摊开叶底可看到一些因发酵而变红的边缘（即绿叶红镶边）。但是，有些人将"清汤绿水"这个绿茶的特征视为安溪铁观音的特征，这是错误的。

误区二：越酸越好。拖酸、拖补、消青等非传统工艺加工的铁观音，头几遍摇青很轻，将做青（发酵）时间延长到次日下午之后才杀青，制造出一种"酸"的味道，让人误以为这是观音韵。其实，这是一种轻栽培、重摊青的做法。有些茶农不是从土壤改良、生态保护、有机栽培等技术下功夫，而是通过改变加工工艺制造所谓的"酸"，误导了人们以为酸就是韵。

误区三：新枞就好。有些人认为，铁观音新枞品质最好。其实，铁观音茶树的生理年龄很长，可达百年以上，适合采摘加工的经济年龄在3~60年。实践证明，树龄十年以上的铁观音茶树做出来的品质不差于新枞，而且香气浓郁、口感醇厚。当然，不管是新枞还是老枞，都要采用科学栽培措施，创造良好的土壤环境条件，才能促使茶树苗壮生长。

误区四：空调做青。铁观音最佳做青温度在18 ℃~22 ℃之间，安溪很

　　——深度解读传奇茶叶的内外世界

多地区春季和秋季夜间温度都在此区间内。如果做青温度适宜，就无需使用空调做青，只要空气流通性好，湿度不会太高，茶青走水通畅自然，那么做出来的茶香气天然，保质期更长。

误区五：甩掉红边。传统的铁观音是绿叶红镶边，有些茶农为了使铁观音茶汤清澈，外形包得更紧，就在烘干后将所有的红边和碎茶甩掉。这样做确实能够使茶汤清澈，但是过分地甩茶，会把富含茶色素的物质甩掉。茶色素内含茶黄素、茶红素、茶褐素，以茶黄素为主的茶色素被称为"茶叶软黄金"，具有很好的保健功效，暖胃润肠。因此，建议不要过度甩边，可以通过过筛的办法筛掉碎茶和杂质。

误区六：农残。饮茶其实是很安全的，近几年原国家食药监总局关于食品安全监督的抽查显示，我国茶叶及相关制品合格率始终在99%以上。关于茶叶农残，有两个问题要说明，一是含有农残不等于超标，二是茶叶农残不等于茶汤农残。喷施于茶树的农药大多为脂溶性农药，并非水溶性。脂溶性农药不溶于茶汤，因此饮用茶汤是安全的。特别要说明的是，由于多种原因，1991年，国家有关部门将茶叶稀土限量值定为2.0 mg/kg，在长达20多年的多次茶叶质量抽检中，乌龙茶、黑茶类的污染物超标率较高，而超标的项目主要是稀土。在长期实践中，该标准的科学性、合理性受到质疑，2017年4月14日，国家卫计委在风险评估的基础上，决定取消茶叶稀土卫生国家标准，并于2017年9月17日正式实施。这意味着人们对茶叶的安全性有了更客观的评价——茶是可以放心饮用的。

误区七：伤胃。自古以来，从没有饮茶伤胃之说。以茶性来分，绿茶偏凉，红茶偏热，乌龙茶性平，传统铁观音发酵充分，养胃润肠。浓香型铁观音、陈香型铁观音和发酵足够的清香型铁观音有较多的茶色素（以茶黄素、茶红素为主），根据中国医疗保健国际交流促进会胃病专业委员会近年来对茶色素的临床应用研究成果显示，茶色素对胃炎治疗效果明显。饮茶不会伤胃，可以放心饮用。

误区八：洗茶。洗茶和温茶是不同的，合格的茶叶可以直接泡饮，无需洗茶，因为头遍茶汤营养物质含量最高，过度洗茶会将一部分营养成分洗掉。不过，有些人认为铁观音很紧结，为了让茶汤更快地浸泡出来，先温杯，再温茶，快速冲掉，然后再正式进入第一泡，也是可以的。

误区九：添加香精。茶叶的香气均来自茶叶自身化学物质的转化，铁观音无需添加香精，其香气主要源自独特的做青工序。

误区十：浓香型铁观音是低端的隔年茶。铁观音分为清香型、浓香型和陈香型三类。浓香型铁观音历史悠久，我国出口的铁观音基本是浓香型铁观音。多年来，浓香型铁观音因其暖胃、耐泡、耐贮存的特点，深受爱茶人的喜爱。浓香型铁观音以传统风味铁观音原料为基础，通过精选、拼配、烘焙、精制等工序，形成了炒米香、兰花香、果味甜香融合在一起的香味特征，饮用起来爽口、醇厚、回甘。换言之，质量差的隔年铁观音是做不成高端浓香型铁观音的。

③

何为"观音韵"?

千个读者就有一千个哈姆雷特。人们总是用这句话来表达对事物的见仁见智。这一句舶来的经典用在安溪铁观音身上再合适不过了。安溪铁观音那神秘的"观音韵",令亿万"铁粉"为之痴迷不已。

著名媒体人梁文道曾经在一篇题为《观音韵》的文章里写道:"我曾经问过友人,茶味极品是什么,他们答曰:'观音韵。'何谓观音韵?只见炉火香烟袅然,朋友放下茶杯轻轻摇头说:'说不清,道不明,言语无法形容。'"

跟梁文道一样，很多还没有体验过观音韵的茶友总是能够透过老茶鬼举瓯盖"久闻不放"、品茶汤"哧哧有声"、搅茶渣"反复不停"等几个细微的动作，看见老茶鬼觅得观音韵的痴迷状态。

　　当"道行"不足，入行还浅的茶友总是将老茶鬼从美妙的梦幻中拉回来，急着刨根问底，讨教"观音韵"是什么东西，怎样才能抵达"观音韵"神境之际的时候，老茶鬼一般是面带微笑，而语焉不详。

　　"妙，很妙，相当妙……"这样的回答，让想了解观音韵的茶友更是一头雾水。如果让安溪当地茶农来说，也许简单点。安溪当地有"早茶一盅，一天神威；午茶一盅，劳作轻松；晚茶一盅，全身疏通；一天三盅，雷打不动"之说，还有"早上喝碗铁观音，不必医师开药方；晚上喝碗铁观音，一天劳累全扫光；三天连喝铁观音，鸡鸭鱼肉也不香"的地方谚语。

● 松香苑茶园（安溪阆苑岩）

● 安溪千年文庙

　　茶喝多了，韵自然就到了。走在安溪，寻访茶山乡野的老茶农，谈及观音韵，有的茶农会用具体的滋味告诉你，说是兰花香、桂花香、稻花香、栀子花香；而有的茶农说是苹果香、葡萄香、凤梨香、焦糖香；也有茶农说是炒米香、炒麦香、炒黄豆香；更有茶农"两边倒"：好像全都是，也好像全不是……

　　还有些读过书的文化茶农对观音韵进行了诗意的解释：观音韵是春花，"煮水冲茶，瓯中澄澈透亮，但见春日融融，但见花开热烈"；观音韵是秋月，"每一滴茶水，都是如此饱满，手握圆圆茶杯，一轮朗月缓缓升腾"；观音韵是夏荷，"浑厚茶气袅袅婷婷，扑面而来，是有着'水面清圆——风荷举'的化境"；观音韵是冬雪，"七泡冲过，余香更为悠远，好似一夜白雪，天光重启的浩淼天地"。

　　还有些专家型茶农用理性思维来分析观音韵：最明显的味道在当地被称为"煌口香"（闽南语），即茶香中带有明显的"煌"（闽南语）特

● 土壤监测

征，这个词的含义无法用文字表示，简单点说，就是指一种非常特殊的茶香，是在安溪铁观音兰花香基础上附加的一种味道，带鲜爽，又显张扬。还有就是幽雅类型的兰花香，香型馥郁清幽，有如兰花香味沁出，这种香绝不张扬，但馥郁持久，从一泡到八九泡依然存在。

而品过安溪铁观音的资深业界专家也有不同的观点。茶界泰斗张天福曾经亲自写出他体悟的观音韵："乌龙茶品质的审评上要求'香、韵、活、鲜、醇'。所谓铁观音的'音韵'，似乎是不可捉摸的一种抽象概念，但也有它的物质基础。如按其品质特征，第一，品种香显；第二，滋味和香气相吻合；第三，饮后有回甘。"

著名茶叶专家陈椽在《中国茗茶》一书中写道："品质优异的铁观音具有独特的'音韵'，回味香甜浓郁，冲泡七次仍有余香，堪称茶中之王。"另一茶叶专家陈彬藩的《茶经新篇》中写道:"铁观音的香气,有如空谷幽兰,清高隽永,灵妙鲜爽,达到超凡入圣的境界,使人雅兴悠远,诗意盎然。铁观音的滋味十分浓郁,但浓而不涩,郁而不腻,余味回甘,有如陆游诗句'舌本常留甘尽日'的感受。这种风味来自良种本身的优异品质,所以具有天真纯朴的情趣,安溪铁观音才有这种'兰花香'和'观音韵',所以称之为'音韵',意即铁观音的独特韵味。"

福建省茶叶质量检测站原站长、国家一级评茶师陈郁榕认为,观音韵是铁观音树种独有的一种品种特征,是安溪铁观音特有的品种香和滋味的综合体现。观音韵是安溪铁观音茶树品种本身所固有的本底物质经过加工形成的香、味。其香芬芳似兰,清新甘醇,味中有香,香中带甜;其味醇厚鲜爽,饮后喉底回甘,齿颊留香,品其音韵,有花香之胜。

"韵"应该是东方审美价值观的具体体现。《文心雕龙·声律》篇中写道:"异音相从谓之和,同声相应谓之韵。"观音韵就是与一种美妙的境界同声相应的感受。安溪县委宣传部副部长、知名茶文化学者谢文哲等著作的《安溪铁观音——一棵伟大植物的传奇》中对观音韵作如此总结描述:"安溪铁观音独有的'观音韵'向来扑朔迷离,难以描绘。虽然海拔、水质、土壤、气候适宜才会有韵,但观音韵又同中国古老的书法、绘画等艺术一样,所涵盖的内容已远远超过了形式本身,能将人带入一种境界。"

当有人要追问,怎么品出观音韵?当地茶人趣答,很简单:喝够一吨!没错!喝够一吨铁观音茶水!品完一吨铁观音,茶香观音韵,将在瓯杯沿升腾;观音韵,将在舌尖上跳跃;观音韵,将在喉咙中打旋;观音韵,将在肺腑间游荡;观音韵,将在脑海里萦绕。

●茶艺与书法

　　如何品味观音韵，有专家指出，可以通过"六根六识"来体验和领悟。六根即指眼耳鼻舌身意，六识是指色声香味触法。此品鉴过程也是一位茶师面对铁观音从采青到成品的层层历练的深刻体验，也是品茗人从茶园到茶杯的神奇之旅。

　　凡此种种，或许可以认为观音韵是一种"天地人茶"尽在人心的感悟，是一种怡情怡景、人文物化的情怀。因此，观音韵也是一种"道可道非常道，茗可茗非常茗"的审美品鉴。

　　也有茶人总结说，品味观音韵，可以抵达三重境界。第一重境界，回甘，优质安溪铁观音产品在饮后都会立刻让人喉头泛甘，后扩散到整个口腔，经久不退，这种回甘给人的感觉是非常自然的。第二重境界，回甜，优质安溪铁观音会有非常明显的回甜味，当回甜与回甘同时生成，会给人以醇厚之感，这正是上好的安溪铁观音的迷人之处。第三重境界，生津，好茶饮后会有明显的生津效果，即便饮完过数个小时，口中都是甘香存留、津液滋生，品质越好，生津越持久，这感觉十分美妙，让人久久难以忘怀……

在安溪当地，大多数茶人一致认为，生产一泡具有迷人观音韵的安溪铁观音需要"天、地、人、种"四大方面的条件：天，茶树生长和制茶的气候条件；地，茶树生长的地理环境；人，制茶师的技艺；种，茶叶品种。好的自然环境里长成的纯正品种安溪铁观音，在适宜的气候条件下，结合制茶师们高超的制茶技艺，方能成就一泡好茶。

由权威科学人士经过现代实验证实，从物质层面研究表明，安溪铁观音茶树鲜叶含有的香气成分有50种以上，而成品茶叶香气成分达百种以上，大部分香韵是在茶叶加工过程中形成的。

有文化界人士从心理学角度分析：观音韵不仅包括物质层面，还包括精神层面，气由心生，韵由气动，韵的产生除了铁观音吸收天地精华之外，还与生活在安溪土地上的人的生息、劳作有关。

其实，懂不懂观音韵并不是最重要的，重要的是每天喝铁观音，渐渐地，就会越来越像茶农一样有所意会，像茶人一样渐入佳境，领会观音韵的前世今生，感受兰花香的植物传奇。

专业人士论铁观音韵

1.龚淑英：第一次品鉴铁观音是在30多年前大学课堂上。研究生毕业后，我成了大学教师，主讲"茶叶审评与检验"。在不断品鉴与教授铁观音的品质特征过程中，我深深地体会到铁观音的韵，是如空谷幽兰般馥郁隽永的灵妙香气，是入口醇厚滑爽、蜜蕴回甘的愉悦滋味，是铁观音与众不同的特征，是香味和谐的韵律，是铁观音永恒的灵魂。

（龚淑英，浙江大学教授，研究生导师，国家茶叶产业技术体系茶叶品质评价与精制拼配岗位专家，浙江大学茶叶研究所副所长，浙江大学茶学系制茶工程与茶叶品质评价方向学科带头人。）

2.刘秋萍： 古龙说："手中无剑、心中有剑是舞剑的最高境界。"而铁观音是"口中无茶、回味绵长"。有人问我为什么铁观音比法国香水还香，我说："法国香水只能抹不能喝。铁观音比香水香且可以喝，品饮后六腑皆芬芳，香气永驻心田，令人心情愉悦，进入记忆闸门。"

（刘秋萍，国家级茶艺裁判，国家一级评茶师，上海茶叶学会常务理事、副秘书长，上海市虹口区茶叶学会会长。）

3.赵玉香： 安溪铁观音的观音韵是铁观音鲜叶按闽南乌龙茶的加工工艺制作后呈现的特殊的品种香味，香气呈现幽雅的兰花香，间带果甜香，茶汤入口醇厚而甘滑，如甘露从舌面滑过，转而齿颊被鲜香的果甜酸韵穿透，满嘴生香，咽后齿缝溢出丝丝甜津，久久不散。

（赵玉香，中华全国供销合作总社杭州茶叶研究院高级工程师，国家一级评茶师，浙江省评茶技能大师。主持制修定《茶叶感官审评室基本条件》《茶叶感官审评术语》《评茶员》等十余项国家标准；主编《评茶员》，参编《茶艺师》等国家职业技能鉴定教材；主编《茶叶鉴赏与购买指南》，参编《饮茶与健康》等著作。）

4.舒曼： 饱山岚之"气韵"，沐日月之"精韵"，得烟霞之"霭韵"，终于成就世上独一无二的安溪铁观音之韵。铁观音从传统工艺中分离出"清香型"，又回归到"浓香型"的奥妙中，让人从焙火中找到铁观音的世袭神韵，呷出安溪的春夏秋冬、风花雪月。铁观音之"韵"，韵在"茶名于清水，又名于圣泉"的茶文化精髓里。

（舒曼，中国国际茶文化研究会常务理事兼学术委员，中国社会科学院茶产业发展研究中心专家组成员，国务院参事室华鼎国学研究会国茶委专家成员，中国文化促进会万里茶道协作体专家成员。）

5.陈志雄： 传统安溪铁观音有独特的音韵，其香似兰似桂，幽雅馥郁持久，显现淡淡奶香味；茶汤黏稠性强；滋味醇厚甘爽，回味无穷；烘焙精制后，茶叶外表能看到淡淡茶霜。其香气显现天然的蜜糖香和浓郁的桂花香，滋味饱满、宽厚顺滑，甜果味明显，愉悦感顿生，饮用时有醍醐灌顶之势。

（陈志雄，厦门茶叶进出口有限公司副总经理，1992年毕业于福建农学院茶学专业，农业推广硕士学位，高级工程师，国家高级评茶师，厦门市第一批海纳百川人才，享受国务院特殊津贴。）

6.林清杰：观音韵，是铁观音呈味物质在口、鼻、心、脑的刺激、表达，香中带甜，甜中透酸，彼此交融，意象丰富。轻呷一口，韵致绵长，若文学之通感：佳人独立，雍容典雅，风姿绰约，体态丰腴，落落大方。虽时空变换、历经风雨，仍让人久久难忘。

（林清杰，华东师范大学中文系毕业，安溪县茶业管理委员会办公室副主任，国家一级评茶师，多年从事茶产业经济研究。）

7.周爱民：观音韵，来源于安溪得天独厚的茶树生长环境和初制期间独特的自然气候条件，是独特地理条件下种植的铁观音茶树，在适宜的气候下采摘，以其树种本身所固有的本底物质，经过特定的精湛工艺制作形成香、味的综合体现，是天、地、人、种四者的有机融合。其香气如兰似桂、幽雅清新、馥郁持久，滋味醇厚甘爽、回甘生津、齿颊留香。

（周爱民，福建省技能大师，安溪铁观音制茶工艺大师，安溪茶叶协会副秘书长，中国茶都（安溪）职业技能鉴定站、安溪茶叶协会职业培训学校专职授课老师。）

8.沈添土： 观音韵是香韵、喉韵、灵韵的综合体。香韵是闻香体会，是嗅觉刺激，铁观音品种、工艺、地域独特，香中有韵，能通过鼻子反应到大脑。喉韵是味觉回甘，质感醇厚，渗透味蕾细胞，让人齿颊留香、回味无穷。铁观音是有精灵附着在上面的，用心品尝，能带来愉悦感觉。

（沈添土，笔名沈墨，安溪《西坪茶叶》主编，中华茶人联谊会高级顾问，中国国际茶业博览会名优茶专家评审会委员，中国国际公共关系联合会茶业发展委员会专家顾问。）

9.张雪波： 铁观音是半发酵茶，茶叶多酚类及其氧化产物、氨基酸、咖啡碱、果胶和可溶性糖等是影响色泽和滋味最主要物质；铁观音茶叶中含量较高的橙花叔醇、法尼烯、吲哚、苯乙醛和苯乙醇等主要特征赋香成分决定铁观音茶叶呈花香且持久的品质特征。这些呈色、呈味和呈香物质在一定含量和比例条件下形成铁观音特有的品质特征，通过人体视觉、味觉和嗅觉产生的感官反应称之为"观音韵"。

（张雪波，茶叶博士，国家茶叶质检中心（福建）检验室主任，ISO茶叶成员。）

5

"好斗" 的安溪人

闽南安溪人的"好斗"可是出了名的。特别是在每年"五一"或"十一"安溪铁观音采制的黄金季节之后，茶农茶商们并没有闲下来，而是积极参与到一出出、一场场的"茗战"中。只要走进安溪，就会感受到这样的氛围，比过年过节还要牵动茶乡人的心。

所谓茗战，是古代斗茶的说法。古代斗茶，称茗战、斗试，是评比茶叶质量高低的一种既有刺激性又有雅趣的活动。相关资料记载，斗茶起于唐代，盛于宋，原为贵族豪门的雅玩。明清时，斗茶从深宅大院走向市井乡野，逐渐演变为民间风俗。

一般来说，古时斗茶有三种情形：一是山间斗茶，在茶山产地、加工作坊，对新制的茶进行品尝评鉴；二是市井斗茶，茶贩、嗜茶者在市井茶店里开展招揽生意的斗茶活动；三是士族斗茶，文人雅士以及朝廷命官，在闲适的风景胜地或宫廷楼阁，进行高雅的茗饮。清代"扬州八怪"之一郑板桥，曾诗"从来名士能评水，自古高僧爱斗茶"。

到了清末民初，随着安溪铁观音的出现和传播，好斗茶的安溪人更是为了比一比"观音雅韵"，"斗"得不可开交。

斗茶，也逐渐发展成为有组织、有规模的名茶评比活动，评出的第一名为"茶王"。此后，闽南安溪当地民间茶人习惯把有组织、有规模的名茶评比活动，称为"茶王赛"。

安溪铁观音茶王赛可以追溯到1916年10月。安溪人王西在台湾参加日本总署举行的"万寿桃"牌铁观音茶王赛中获得金奖一枚。奖章现存于铁观音发源地——安溪西坪镇尧阳村王士让的书轩中。

1945年，安溪西坪王联丹制作的安溪铁观音在新加坡举行的"泰山峰"牌铁观音茶叶评比中，被评为特等奖，荣获金牌一枚，金笔一对。1950年8月，安溪人王金墙参加在泰国举行的"碧天峰"牌铁观音茶王赛，其产品获特等奖，得奖金1000港元。

中华人民共和国成立后，茶王赛开始由安溪政府牵头举行。1982年5月，安溪县人民政府举办茶王赛，王木瓜所制茶叶荣获铁观音第一名。1995年5月，西坪镇首届铁观音茶王赛茶王500克拍卖出5.8万元的价格；1996年10月，西坪镇松岩村首届"魏荫杯"铁观音茶王赛茶王500克拍卖出16万元的价格；1998年11月，上海铁观音茶王赛，八马茶业前身溪源茶厂获奖的铁观音茶王100克拍卖出4万元的价格；1999年11月，香港茶王邀请赛上，铁观音茶王100克拍卖出11万港币的价格。

不断刷新的安溪铁观音拍卖纪录营造了良好的品牌效应。人人竞说安溪铁观音，人人竞买茶王茶。从县内到县外，到北京钓鱼台国宾馆、上海世博会、香港国际茶展、澳门国际茶市、法国香榭丽舍大街等大舞台……斗茶、赛茶王，成为各种茶事活动的压轴戏。

茶王赛形式多样，规模大小不一，有民间赛，也有官方赛；有村落赛，也有区域赛；还有全县、全省、全国乃至国际赛。较为大型的茶王赛一般分茶王竞赛、茶王竞卖、茶艺竞演三个阶段。先以村为单位"初战"，再由各村选送的作品进行复战，聘请著名茶师评选优劣。复战中选出的作品以无记名形式，由全国、省、市、县的茶叶品评专家组成的评议团审评决出胜负，被评选为第一名的作品获得"茶王"称号。

每当一场较为大型的茶王赛启幕，不仅会有当地品牌茶企争相助阵，现场还会结合茶艺、茶歌、茶舞表演、文艺踩街、茶王拍卖会等形式，把当地与茶息息相关的民间茶文艺表演展现出来。

不单这样，在微博、微信不断兴起之际，敏锐的当地茶农自觉融入时代风口，利用新媒体平台直播斗茶大赛，演绎全球网络品茗会，让全球"铁粉"聚焦茶王诞生历程，一起分享茶香盛宴。

在斗茶的"集体狂欢"当中，参与送茶样的茶农茶商满怀期待且十分虔诚。在闽南安溪人看来，能够问鼎宝座，赛茶封王，其中也包含了某些神秘的运数。当采茶时节来临，所有参与事茶的茶人必须沐浴、戒荤、拜观音和茶祖，祈祷茶王降临。

在安溪铁观音制茶的最佳时节，为了能够在往后的斗茶大赛上摘金夺银，茶农都会精心打理每一天采制的茶叶，而新茶一出炉，都要反复冲泡，悉心比较，认真琢磨，分析得失。

茶农之间也家家铺开瓯杯，频频聚会，互相切磋，比试高低。一场场小型的斗茶会，在茶农与自己的经验感悟之间，在茶户与茶户间，村落与村落里默默展开，恰如潜流暗涌。

茶农忙于炒茶、比茶，而那些来自各地的老茶商、老茶贩嗅觉最为灵敏，不分白天黑夜，只要一闻到茶香，哪怕山再高，路再陡，都会追来，二话不说就甩钱"抢"茶。茶农只有"斗"得过老茶商、老茶贩，才能"保"住好茶。

经历过村落里的"明争暗斗"和乡里、县里"步步惊心"的初战、复战，茶王赛现场更是龙争虎斗、扣人心弦。烧水、烫烧茶具、落茶、冲汤、落盖、出茶、鉴赏、品评……台上评委不疾不徐，斟香酌韵，好中选优，优中寻冠。

而台下的参与者跟紧每一个程序，盯紧每一个动作，这是他们最为紧张的时刻。此时，主持人所讲解的流程典故，以及茶艺姑娘行云流水般挥洒自如的表演等赛事配套活动，都已幻化成那一缕缕升腾而起的幽香雅韵了。

在安溪当地，茶王赛事全程采取"密码审评、循环淘汰"的方式，依次拆封并谨慎冲泡茶样，主要从茶叶外形的条索、色泽、整碎、净度和内质的香气、滋味、汤色、叶底等八个方面综合判定优劣。

大型斗茶赛事评委为国家级品茶师组成的团队，根据铁观音国家标准进行评判，以外形20分和内质80分综合评判，评出金、银、铜、优质等各

奖项，再拆封解密，对号入座，当场让新科茶王现身。

茶王诞生后，你争我抢的茶王竞卖会又变成了另外一番场景。有位外地作家亲历了安溪当地茶王竞卖会后，做了生动的描述：

"各地茶商汇集台前竞争加价，每500克茶从2000元起拍，转眼之间，拍卖价如水银柱般急剧上升。'3000元''3500元''5800元''1万元''1万5千元''2万元'……'5万8千元''成交！'拍卖员一锤定音，高潮迭起的茶王竞卖才告一段落。街市上，场面壮观的踩街游乐活动又如火如荼地展开了。

"在震耳欲聋的鞭炮锣鼓声中，茶王桂冠得主头戴礼帽、身着红袍、腰扎宽绸、手捧奖杯，满面春风地坐在茶王轿上，由数百上千人组成的彩旗队、管乐队、锣鼓队、舞狮队簇拥着，吹吹打打，踩街穿巷，好不威风，这一份荣耀就是旧时新科状元也比不上的。茶王不时举起手中的金杯向路过的观众示意，那奖杯和他的笑容一起闪烁着耀眼的光芒……"

2017年，安溪铁观音春茶上市之际，安溪县人民政府还特别升级了茶王赛的内容与形式，举办被茶界誉为"史上赛制设置最全面、程序最繁琐、考量最综合、规则最严苛、社会关注度最高的大赛"——安溪铁观音大师赛，拿出总额高达240万元的奖金来激励当地茶农。最终，获奖的两名安溪铁观音大师李金登、王清海各获百万元。

榜样的力量无疑是巨大的。在安溪当地，一场场的斗茶会、茶王赛比下来，博得头筹者荣耀加身，街头巷尾处处被点赞，电视报纸反复播送，这鼓励了更多茶农提高品质意识，精心呵护每一棵茶树，认真制作每一批茶叶。而茶商茶贩们，则更忙于追"茶"到底，以拿到一泡茶王为荣。茶企茶店则将茶王茶视为镇店之宝，不轻易示人，意在吸引更多的爱茶人。

"斗茶"成为一种时尚。安溪乃至全国各地的爱茶人群体都会各自揣上一小包安溪铁观音好茶，或到办公室及同事家中，或在亲朋好友相聚之时，摆开功夫茶具，一番泡饮，一争高下。

为此，有微信文章这样总结安溪人的"好斗"行为：

安溪人，真好斗，好茶出炉就要斗。三三两两围一桌，开水一冲就开斗。你一撮，我一撮，斗到日出与日落。茶人抬脚刚刚走，关起门来窝里斗。左邻右舍常开火，家家户户时时斗。

村斗村，户斗户，村民还要斗干部。斗完村里斗乡里，乡镇斗赢县里斗。斗来斗去斗不够，非要斗到拿头筹。别人斗，是真斗，披红挂彩不好受。安溪斗，也真斗，摘金夺银出风头。斗出王者满街秀，

八抬大轿任遨游。

斗出县市斗神州，斗完潮汕斗香江。斗过东北斗华北，斗完西南斗华南。斗过南洋望东洋，漂洋过海好洒脱。进法国，驻英国，走出海丝斗亚欧。登美洲，入澳洲，斗开茶路通全球。

斗出香韵来入喉，斗满天下皆朋友。观音雅韵最淳厚，斗来斗去斗不透。安溪人，真好斗，一份热情心中留。斗看春秋岁月久，天地澄澈乐悠悠。

　——深度解读传奇茶叶的内外世界

⑥

铁观音茶艺：
东方美学的缩影

　　提到功夫，很多人想到的是"哼哼哈兮"的武打人设，而在闽南安溪，功夫就表现出了更多含义。比如有亲戚拎着礼品来访，主人会来一句："来都来了，还这么功夫。"一个"功夫"，尽是韵味。

　　"蚨蝶（呷茶）啊——"打过招呼，人们就三三两两，或三五成群，围桌而坐，一套属于闽南安溪的功夫技法，很快就上演了。主人摆开白瓷盖瓯数杯，泉水初沸，投茶冲水，拇指、中指紧扣瓯沿，食指按住瓯盖，兼以运开瓯盖与瓯身，旋出缝隙，以三角稳固之力，斟茶出汤。一招一式

之间，香飘韵绕之际，茶味入口，谈笑风生……这样的功夫茶艺，在闽南，在安溪，人们已是习以为常。

闽南安溪待客一杯茶，几乎家家户户都有一套待客用的泡茶器具。泡茶品茶需要"功夫"，安溪茶史千年，"功夫"就在民间泡茶、喝茶、斗茶等习俗中沿袭下来。

这种"功夫"贯穿了闽南安溪人的一生。小孩一出生，要泡茶，喂给茶水，用茶渣擦身；长大结婚，要请吃新娘茶；逢十做寿，请吃茶；拜佛敬祖三杯茶。更有意思的是，很长时间来，这种"功夫"还体现在"和事"二字上。在闽南安溪，当地乡民遇事有争论，或产生隔膜，只需老一辈出面开个"茶话会"调停，"泡泡茶""请请茶"，便可轻松把争端"摆平"。

以泡饮、品评铁观音功夫茶为核心的安溪茶艺也成为一方独特的茶乡文化。真正把泡茶这件事上升到"茶艺"的层面，应该追溯到二十世纪七十年代的台湾。台湾首先使用"茶艺"一词来概括有别于"茶道"的品茶表演，它兼具观赏性、实用性和艺术性，台湾茶艺也从那时开始兴起。"茶艺"首推功夫茶的泡饮，把喝茶泡茶行为"搬"到舞台，形成"茶艺表演"。流传开之后，茶艺活动在港澳地区相当活跃，红火一时。香港人对茶艺颇有热情，闲时流行"叹茶玩紫砂"。"叹茶"是享受茶的意思，以品茶来享受人生。

这样的茶艺演绎意指人们在品饮茶叶时，只要按照各自的爱好，选择优质的茶叶、合适的茶具和适当的场所，注重冲泡品饮的方法，就可进入茶艺境界，享受一份属于茶艺的韵味。

30多年来，安溪县文化茶叶工作者创编了美轮美奂的铁观音茶艺，并形成了一套安溪茶艺舞台表演的独特体系：专业的茶艺师、布置得古朴典雅的茶席和茶艺表演厅，以及格调高雅、旋律优美的南音曲目或古典音乐。

在铁观音示范性表演过程中，既有盖瓯沏泡，又有茶壶表演，它包括了16道茶艺流程：

（1）神入茶境：茶艺师在沏茶前以清水净手，端正仪容，着上茶服，以平静、愉悦的心情进入茶境，摆好茶席、备好茶具，聆听经典音乐。

（2）展示茶具：铁观音茶艺采用民间传统的茶具：茶匙、茶斗、茶夹、茶通，茶炉、茶壶、瓯杯以及托盘。伴随音乐旋律，茶具一一展示在茶客面前。

（3）烹煮泉水：好茶须好水。山泉上，河水中，井水下。冲泡铁观音，烹煮的水温需达到100 ℃，这个水温最能体现铁观音独特的香韵。

（4）淋霖瓯杯：也称"热壶烫杯"，就是用烧好的开水温润盖瓯和茶杯。

（5）观音入宫：右手拿起茶斗装入适量茶叶，左手拿起茶匙，缓缓将茶叶放入瓯杯。

（6）悬壶高冲：提起水壶，对准瓯杯，先低后高冲入，使瓯中茶叶随着水流旋转，徐徐舒展，促使早出香韵。

（7）春风拂面：左手提起瓯盖，轻轻地在瓯面上绕一圈，把浮在瓯面上的泡沫刮起，然后右手提起水壶，把瓯盖冲净。

（8）瓯里酝香：铁观音茶叶下瓯冲泡，须等待30秒至1分钟，才能充分地释放出独特的香韵。

（9）三龙护鼎：斟茶时，把右手的拇指、中指夹住瓯杯的边沿，食指按在瓯盖的顶端，提起盖瓯，把茶水倒出，三个指称为三条龙，盖瓯称为鼎，称"三龙护鼎"。

（10）行云流水：提起盖瓯，沿托盘上边绕一圈，把瓯底的水刮掉，防止瓯外的水滴入杯中。

（11）观音出海：俗称"关公巡城"，就是把茶水依次巡回均匀地斟入各茶杯里，斟茶时应低行。

（12）点水流香：俗称"韩信点兵"，就是斟茶斟到最后，瓯底最浓部分要均匀地一点一点滴到各茶杯里，达到浓淡均匀、香醇一致。

（13）敬奉香茗：茶艺师双手端起茶盘彬彬有礼地向各位嘉宾、茶友敬奉香茗。

（14）鉴赏汤色：品饮铁观音，先观其色，即观赏金黄明亮的汤色。

（15）细闻幽香：细闻铁观音的香气，那天然馥郁的兰花香、桂花香，清气四溢，令人心旷神怡。

（16）品啜甘霖：品其味，品啜铁观音的韵味，感受香韵入喉、入肺腑、入心的美好感觉。

（示范者：李淑云，福建省第十三届人民代表大会代表，高级茶艺师）

安溪当地政府于2005年专门成立了安溪县茶文化艺术团，以事业编制招收茶艺表演人员，结合安溪铁观音神州行等各种大型茶事活动，到全国各地乃至全球，传播中华文明，展演安溪功夫。

安溪茶文化艺术团团长杨爱红介绍说，艺术团成立二十多年来，足迹走遍了大江南北，并应邀赴日本、韩国、法国、科威特、比利时等国家以及香港、澳门、台湾地区参与国内外的茶事交流活动，累计表演了1200多场次的安溪功夫茶艺。

安溪铁观音茶艺表演翻开了中国茶文化新的一页，促进中国茶叶从"柴米油盐酱醋茶"到"琴棋书画诗酒茶"的高度整合，其"纯、雅、礼、和"的茶道精髓浓缩了铁观音的灵魂，是铁观音茶品之纯、茶艺之雅、礼敬天下、和美人间的完美诠释。

一路走，一路演绎，安溪功夫从形式到内容，不断厚实起来。如融合书法的情景茶艺《茗香墨酣》，融合绘画的《荷塘茶趣》，融合禅学的《清水佑民》，使安溪茶艺成为融合茶艺、书法、绘画等各种艺术元素的综合体。

铁观音的科学沏泡

随着现代茶叶科学的进步，茶叶科技工作者通过不断地科学分析，研究出一整套铁观音的科学沏泡方法，使铁观音发挥出最佳的品质风味。

（一）择器

铁观音沏泡的主要器具为烧水壶、茶盘、白瓷盖碗或紫砂壶、茶海、茶杯等，辅助器具为茶荷、茶拨、茶漏、茶巾、茶托、茶镊等。

铁观音沏泡以白瓷盖碗为主，容量以110~150 mL为佳；浓香型铁观音、陈香型铁观音也可选用紫砂壶进行沏泡，容量以180~280 mL为宜。茶杯选用白瓷杯为主，容量一般为35~40 mL。

（二）选境

自古以来，人们对品茶之境要求十分严格，其中不乏"无佳境不饮茶"之人。茶道自然，若所处环境过于不堪，纷扰不断，定不能品茶。所瀹之茶，所瀹之境必然两两相宜，才能得茶之趣，品茶之味。

由于铁观音香气成分多，滋味丰富，只有幽静典雅、光线柔和、空气清新的环境，才与铁观音的香韵相得益彰，因此，建议茶友在品鉴上品铁观音时，选择适宜的场所。

（三）择时

中华茶馆联盟监事长和静园创始人王琼倡导"申时茶"，即在下午3点到5点，喝茶人正襟危坐，采用腹式呼吸法，在40分钟左右喝上7杯茶，饮茶量通常在500 mL左右。该茶法认为，申时是膀胱经当值，膀胱经存储津

液、输送阳气给肾脏之时，此时应完成良好的体内津液循环。因此申饮茶，会让茶里的有机物质与周身肌体结合进行运化，是全天最佳的喝水排毒时间。

中国高等院校茶文化教材编委会主任、中国茶文化国际交流协会常务理事长林治，在借鉴了多位研究《黄帝内经》专家的成果，如王年远《十二经络养生穴位时辰》、瑜之道《十二经络养生》等书籍，以及结合他自己对茶道养生多年的调研和实践后，提出绝大多数人在一天中最适宜喝茶的时辰至少有六个，例如辰时、午时、未时、申时、戌时、亥时等。

（四）备水

陆羽《茶经》所言："其水，用山水上，江水中，井水下。其山水，拣乳泉、石池慢流者上，其瀑涌湍漱，勿食之，久食令人有颈疾。又水流

● 少儿学茶

于山谷者，澄浸不泄，自火天至霜郊以前，或潜龙蓄毒于其间，饮者可决之，以流其恶，使新泉涓涓然，酌之。其江水，取去人远者。井，取汲多者。"

在实践中，冲泡铁观音以山泉水、纯净水、矿泉水为序选择，沸水为佳。

根据水中所含钙、镁离子的高低，可将天然水分为硬水和软水两种，即把溶有较高含量的钙、镁离子的水叫做硬水，把只溶有少量或不溶有钙、镁离子的水叫做软水。软水泡茶，茶汤明亮，香味鲜爽；用硬水泡茶则相反，会使茶汤发暗，滋味发涩。如果水的碱性较高或是含有铁质，就会促使茶叶中多酚类化合物的氧化缩合，导致茶汤变黑，滋味苦涩，而失去饮用价值。

（五）精艺

（1）投茶：铁观音沏泡时，投茶量应依据茶水比来决定。盖碗式铁观音的沏泡法，茶水比一般为1∶13～1∶22，如清香型铁观音以1∶15为宜，浓香型铁观音以1∶13为宜，陈香型铁观音以1∶18为宜。喜浓者投茶量多些，浸泡时间可适当延长；喜淡者投茶量少些，浸泡时间可适当缩短。紫砂壶因其保温性能较好，则在选用紫砂壶沏泡铁观音时，茶水比可适当减小。

（2）醒茶：投茶于盖碗后，将沸水斟入盖碗，用盖子刮去泡沫。茶海上放置滤网，可滤去碎茶叶，快速将茶汤冲倒于茶海中，醒茶水应快冲快出，用茶海中的第一道茶水温烫滤网和茶杯。醒茶水也可饮用。

（3）冲泡：将沸水柔和、匀速倒入盖碗，至浸没茶叶。铁观音在冲泡时，每遍都应在控制一定的时间后出汤。浸泡时间不含冲水和出汤的时

铁观音紫砂壶冲泡技艺

● 迎宾

● 温杯

● 投茶

● 注水

● 倒茶

● 闻香

● 分茶

● 品尝

（示范者：廖雪花，中印两国元首东湖茶叙茶艺师，高级茶艺师）

间。品鉴者可依据个人品饮习惯调整茶汤浓度，即调整投茶量、茶水比、浸泡时间和冲泡次数。具体实践时，采用盖碗沏泡时间可参考如下：清香型铁观音第一道茶汤浸泡40~60 s，第二道茶汤浸泡30~40 s，之后每次递增10 s；浓香型铁观音第一道茶汤浸泡30~40 s，第二道茶汤浸泡10~20 s，之后每次递增10 s；陈香型铁观音第一道茶汤浸泡20~30 s，第二道茶汤浸泡10~20 s，之后每次递增10 s。选用紫砂壶沏泡铁观音时，浸泡时间可适当缩短。

（4）分茶：茶汤可直接旋回出汤到若干个茶杯中，也可出汤到茶海，再分斟到各个茶杯中，每杯茶汤的浓度均匀一致，宜斟至七分满。

（5）品茶：每杯茶在品饮时可分三口。轻啜一口含在两腮，细品慢转到舌尖，感受是否口中生香、舌尖生津；第二口依旧细品慢咽，感受香中

● 安溪侨亲唐裕捐献的茶壶（中国茶都·万壶馆）

　——深度解读传奇茶叶的内外世界

之韵和韵中回甘；第三口感受口中茶香。

茶汤中的水浸出物主要成分有：茶多酚、氨基酸、咖啡碱、水溶性果胶、可溶糖、水溶蛋白、水溶色素、维生素和无机盐等。一般来说，溶质分子愈小，亲水性越大，在茶叶中含量越高，扩散常数愈大。如咖啡因与茶多酚相比，咖啡因分子小，亲水性好，因此扩散常数较大，即咖啡因比茶多酚更易浸泡出来；同理，氨基酸也易于浸泡。各成分在茶叶中的含量差别较大，如茶红素含量高于咖啡因，因而其在茶/水两相的浓度差较大，推动力也较大，浸出速度就快。同时，茶叶形状、浸提温度、时间和茶水比对茶叶冲泡过程中浸出率都有不同程度的影响，主次效应顺序为：茶水比>浸提时间>浸提温度。良好的滋味是在适当的浓度基础上，涩味的儿茶素、鲜味的氨基酸、苦味的咖啡碱、甜味的糖类等呈味成分组成之间的相调和。

基于以上科学机理，冲泡铁观音最重要的是要选择软水，掌握好茶水比例和冲泡时间。

⑧

带你认识不同产地
铁观音品质特征

了解铁观音，首先需要区分安溪铁观音和铁观音，安溪铁观音是指在地理标志产品保护范围内（安溪县辖区范围）自然生态条件下，选用铁观音茶树品种进行扦插繁育、栽培和采摘，按照传统加工工艺制作成具有铁观音品质特征的乌龙茶，安溪县域范围外生产的铁观音不能冠以"安溪铁观音"标识。

（一）铁观音的分类

国家标准GB/T 30357.2—2013《乌龙茶　第2部分：铁观音》中对铁观

音进行了分类，分别为：清香型铁观音、浓香型铁观音、陈香型铁观音三大品类。

清香型铁观音是以铁观音毛茶为原料，经过拣梗、筛分、风选、文火烘干等系列工艺制成的，外形紧结、色泽砂绿润、香气清高、滋味鲜醇。

浓香型铁观音是以铁观音毛茶为原料，经过拣梗、筛分、风选、烘焙等系列工艺制成的，外形壮结、色泽乌润、香气浓郁、滋味醇厚。

陈香型铁观音是以铁观音毛茶原料，经过拣梗、筛分、拼配、烘焙、贮存五年以上等系列工艺制成的，具有陈香品质特征，色泽乌褐、外形紧结、陈香明显、滋味醇和、汤色深红或橙红、叶底乌褐。

（二）铁观音的色香味形

不同类型铁观音茶叶外形色泽及净度要求不同，清香铁观音香气高长，滋味鲜爽，回甘明显，齿颊留香，色泽砂绿明亮，香气多呈兰花香、桂花香等馥郁香型；浓香铁观音香气浓郁，滋味浓醇，甘甜，经过毛茶焙火工序之后，滋味转浓醇，香气显兰花香、炒米香及果味甜香，更有檀木香、冰糖香等香气，色泽多呈乌油润；陈香铁观音经过长时间的存储转化，优质的陈香铁观音大多为乌褐油润，陈香明显，没有异杂味，叶底匀整。下面分别介绍各类型铁观音的等级特点：

清香型安溪铁观音分为四个等级：特级、一级、二级、三级；

浓香型安溪铁观音分为五个等级：特级、一级、二级、三级、四级；

陈香型铁观音分为三个等级：特级、一级、二级。

1.关于外形

关于外形，铁观音外形与鲜叶老嫩程度，发酵程度，初制工艺揉包工艺，精制工艺中的烘焙程度，精制工艺的拣梗、拼配、匀堆、筛分、烘干以及存放时间相关。

2.汤色——清澈明亮

汤色以清澈明亮为优，浅黄、清黄、金黄、橙黄、橙红、深黄、深红、红褐等色都可以是铁观音的汤色，茶汤色泽取决于茶叶的发酵程度和鲜叶的成熟度。影响茶汤色泽的主要有茶黄素、茶红素、茶褐素等物质。

色泽直观反应品质的优劣，色泽澄清与否是判别品质的关键，好的铁观音茶汤必定金黄明亮。

3.关于香气——观音韵

安溪铁观音独特的地理环境和品种特征，加之复杂的加工工序，形成

清香型铁观音级别：

干茶　　　　　　　茶汤　　　　　　　茶底

清香特级

清香一级

清香二级

清香三级

浓香型铁观音级别：

干茶　　　　　　茶汤　　　　　　茶底

浓香特级

浓香一级

浓香二级

浓香三级

浓香四级

陈香型铁观音级别：

干茶　　　　　　　　　茶汤　　　　　　　　　茶底

陈香特级

陈香一级

陈香二级

陈香型铁观音年份：

陈香1979年　　　　　　陈香1987　31年　　　　　　陈香1992　26年

干茶

（福建省供销总社茶样
陈慧聪提供）

茶汤

茶底

陈香2003 15年　　　　陈香1998 10年　　　　陈年2013 5年

以上产品除署名外均由八马茶业提供

品种香、地域香、工艺香三者融合一体的观音韵，也造就其香气成分丰富程度高于其他茶类，因而铁观音的香气馥郁程度也远超其他茶类。

4.关于滋味——鲜爽甘甜，齿颊留香

安溪铁观音凭借恰到好处的发酵程度，其爽口、醇厚、回甘强的特点也成为其特殊风格。好的安溪铁观音越醇厚，回甘越快，齿颊留香。反之，有明显苦涩味、明显酸味的不能称之为好茶。

5.关于叶底——肥厚软亮

除了色香味形，还常通过观察冲泡之后的叶底来判断鲜叶加工过程中存在的问题，进一步解答品鉴过程中存在的疑虑。越高级的铁观音叶底越肥厚、匀整、软亮，较低档的铁观音叶底则色泽暗杂、硬挺、老嫩不均，有明显异杂味。

清香型安溪铁观音感官指标（GB/T19598-2006）

项 目		级 别			
		特级	一级	二级	三级
外形	条索	肥壮、圆结、重实	壮实、紧结	卷曲、结实	卷曲、尚结实
	色泽	翠绿润、砂绿明显	绿油润、砂绿明	绿油润、有砂绿	乌绿、稍带黄
	整碎	匀整	匀整	尚匀整	尚匀整
	净度	洁净	净	尚净、稍有细嫩梗	尚净、稍有细嫩梗
内质	香气	高香	清香、持久	清香	清纯
	滋味	鲜醇高爽、音韵明显	清醇甘鲜、音韵明显	尚鲜醇爽口、音韵尚明	醇和回甘、音韵稍轻
	汤色	金黄明亮	金黄明亮	金黄	金黄
	叶底	肥厚软亮、匀整、余香高长	软亮、尚匀整、有余香	尚软亮、尚匀整、稍有余香	稍软亮、尚匀整、稍有余香

浓香型安溪铁观音感官指标（GB/T19598-2006）

项 目		级 别				
		特 级	一 级	二 级	三 级	四 级
外形	条索	肥壮、圆结、重实	较肥壮、结实	稍肥壮、略结实	卷曲、尚结实	尚卷曲、略粗松
	色泽	翠绿、乌润、砂绿明	乌润、砂绿较明	乌绿、有砂绿	乌绿、稍带褐红点	暗绿、带褐红色
	整碎	匀整	匀整	尚匀整	稍整齐	欠匀整
	净度	洁净	净	尚净、稍有嫩幼梗	稍净、有嫩幼梗	欠净、有梗片
内质	香气	浓郁、持久	清高、持久	尚清高	清纯平正	平淡、稍粗飘
	滋味	醇厚鲜爽回甘、音韵明显	醇厚、尚鲜爽、音韵明	醇和鲜爽、音韵稍明	醇和、音韵轻微	稍粗味
	汤色	金黄、清澈	深金黄、清澈	橙黄、深黄	深橙黄、清黄	橙红、清红
	叶底	肥厚、软亮匀整、红边明、有余香	尚软亮、匀整、有红边、稍有余香	稍软亮、略匀整	稍匀整、带褐红色	欠匀整、有粗叶及褐红叶

陈香型安溪铁观音感官指标（GB/T30357）

级别	项 目							
	外 形				内 质			
	条索	整碎	净度	色泽	香气	滋味	汤色	叶底
特级	紧结	匀整	洁净	乌褐	陈香浓	醇和同甘、有音韵	深红清澈	乌褐柔软、匀整
一级	较紧结	较匀整	洁净	较乌褐	陈香明显	醇和	橙红清澈	较乌褐柔软、较匀整
二级	稍紧结	稍匀整	较洁净	稍乌褐	陈香较明显	尚醇和	橙红	稍乌褐、稍匀整

（三）茶人眼中的安溪铁观音产地

安溪县境内各时期地层均有分布，出露面积约1800平方公里，不同时期地层厚度变化幅度为0～2295 m。按地层层序、古生物群、接触关系、岩相、沉积旋回及火山喷溢次序等，地势自西北向东南倾斜。境内西北部千米以上的高山有2934座，最高的太华山海拔1600 m。境内按地形地貌差异，素有内外安溪之分，外安溪地势平缓，以低山、丘陵山地为主，平均海拔300～400 m。内安溪地势比较高峻，山峦陡峭，平均海拔600～700 m。

安溪县属南、中亚热带海洋性季风气候。由于地形地貌差异，形成内外安溪明显不同的气候特点。东部外安溪属南亚热带，年平均温度19～21 ℃，年降雨量1600 mm～1800 mm，气候宜人，冬季短暂无严寒，适合多种农作物生长。安溪铁观音主产区在西部的"内安溪"，这里群山环抱，峰峦绵延，云雾缭绕，年平均气温15～18 ℃，无霜期260～324 d，年降雨量1700～1900 mm，相对湿度78%以上，有"四季有花常见雨，一冬无雪却闻雷"之谚。土质大部分为酸性红壤，pH 4.5～5.6，土层深厚，特别适宜茶树生长。

安溪地理特征特殊，来自泉州湾的东南风与来自漳平平原的偏西风在境内形成混流，使每年5月初和10月初昼夜温差大，恰逢安溪铁观音采制春秋两季，特别有利于制作高品质铁观音。

本书以安溪主产茶区西坪、祥华、感德、龙涓四大产区的秋茶铁观音为例，解读不同产茶区茶叶的不同品质特征。

西坪茶区

其区域主要包括：西坪镇、虎邱镇、大坪乡等乡镇。其茶叶品质特征主要有三点：汤浓、韵明、纯香。"汤浓"指所泡茶汤呈金黄色，色泽亮丽，色度较深；"韵明"指安溪铁观音特有的观音韵明显，饮后口喉有爽朗感觉；"纯香"是指其香气纯正幽雅。

西坪铁观音具有如此品质特征，一方面是由于其特殊的地理气候等区位条件，另一方面是因为当地茶农擅长传统制法，讲究发酵度，因此特质明显。

祥华茶区

其区域主要包括：祥华乡、长坑乡、福田乡南部等地区。其茶叶品质特征主要有三点：其一口味纯正，该茶入口后茶味充溢；其二汤醇，汤水厚实，有稠感，俗称"茶水好"；其三回甘强，茶水入口吞咽后，留于口齿舌部的感觉清甘爽朗，且强烈持久，让人久久回味，意犹未尽。

祥华铁观音的品质特征形成原因普遍认为有三点：一是地理条件优越，平均海拔最高；二是土壤条件独特，多为砂质红壤土；三是现代工艺与传统工艺相结合，讲究发酵度适中。

感德产区

其区域主要包括：感德镇、剑斗镇、桃舟乡、湖上乡、福田乡东部等地。其茶叶品质特征主要有：一，香气清高，无论闻盖杯，或是汤入口，甚至冲泡揭盖之际，其香之浓，几可溢室；二，汤水色泽清澈度尤为突出，三泡之后，其汤色呈清黄色，清醇见底；三，汤水入口，细品可感其味带微酸，口感特殊。

感德铁观音的品质特征形成原因，主要体现在制作方法上：一是更注重技术方面的创新，因而干茶色泽砂绿明亮，汤色清澈明亮；二是土壤条件优越，矿物质含量高，使清香型铁观音香高味长。

龙涓产区

其区域主要包括：龙涓乡、虎邱罗岩、芦田镇中西部等安溪西南部地域，所产茶叶品质独树一帜。品质特征主要有：其一，外形条索重实沉重，色泽油润度尤为明显；其二，香气浓郁度更充足，闻之茶香扑鼻，让人心旷神怡；其三，汤色金黄清澈，入口醇厚饱满，有充足的回甘度。

龙涓铁观音品质特征形成原因，主要有两点：一是茶园种植管理技术更为先进合理；二是注重技术交流，民间技术交流活跃，进而全面推动茶农积极性，形成独树一帜的品质风格，尤其是讲究发酵度适中。

（四）安溪铁观音季节区别

铁观音春茶

一般来说，春季铁观音上市时间为每年的谷雨后至立夏之间，以晴天采制为宜。众所周知，春茶质量好的原因之一，就是茶叶自秋茶采摘后，生长时间较长，营养成分积累较多，所以品质也较高。

铁观音夏、暑茶

夏茶和暑茶生长时间较短，叶片较薄，采制时为高温天气，昼夜温差不大，不利于铁观音香气的形成，所以，茶叶品质比不上春茶、秋茶。

如果在夏茶与暑茶之间比较，暑茶质量相对较好，因为暑茶的采制时节气候转凉，昼夜温差比夏茶采制时大，因而也有人把暑茶末期采制的铁观音当成早秋茶。

铁观音秋茶

铁观音秋茶的采制时间为每年秋分至寒露前后，上好的铁观音通常采于寒露，茶叶的采摘时间比春茶长些，原因是秋茶采制时气温低，茶叶老化的速度变缓，所以采制的时间可延长。

铁观音四季茶叶品质介绍

一年四季的铁观音质量以春茶和秋茶质量为最佳，但这两个季节的茶叶的品质又各有风格，有"春水秋香"之说，意思是春茶的茶汤品质好，而秋茶的茶汤香气怡人。铁观音茶叶在这两个季节生长时间较长，茶叶的叶片较厚、内含物积累较多。春茶正逢春天，雨水充沛，萌芽较多，所以产量较大；而秋茶由于暑后雨水少，茶叶生长缓慢，昼夜温差又是一年中最大的，使得秋茶产量低，却香气高。

9

怎样辨别安溪八个
主要品种茶?

1.铁观音

首批国家级茶树良种，原产安溪西坪，发现于1723—1735年。铁观音茶树植株中等，灌木状，树姿开张，分支较稀疏；叶片呈水平状着生；叶形椭圆；叶色深绿，富光泽；叶面隆起，叶缘波状，叶身平或稍背卷，叶尖渐尖稍钝、略下垂并略向左歪；叶齿钝浅疏，呈不规则状分布；叶质厚脆，侧脉明显；芽叶绿带紫红色，茸毛较少；梗粗壮饱满；叶蒂宽厚。俗称"红芯、歪尾桃、绸缎面、腰鼓筷、粽叶蒂"，制乌龙茶品质最佳。

铁观音品质特征：外形条索肥壮、卷曲、紧结或圆结重实，色泽砂绿油润；香气清馨雅韵，如兰似桂，芳香馥郁持久，独具"观音韵"；滋味醇厚，鲜爽回甘，水中带香，香水交融；汤色金黄清澈明亮，叶底肥厚软亮，红边明显，叶尖略钝并有小缺口，有"兰花香，观音韵"之美誉。

2.本山

首批国家级茶树良种，原产于安溪西坪尧阳，无性系品种，灌木，中叶类，中芽种。树姿开张，枝条斜生，分枝细密；叶形椭圆，叶薄质脆，叶面稍内卷，叶缘波浪明显，叶齿大小不匀，芽密且梗细长，花果颇多。与铁观音是"近亲"，但长势和适应性均比铁观音强。制乌龙茶品质优良，质量好的与铁观音相近似，制红、绿茶品质中等。有"观音弟弟"之称，系安溪六大名茶之一。外形条索稍肥壮，卷曲略沉重或圆结略沉重，从茶枝上看，枝身整齐，枝头皮结实，枝尾部稍大，枝骨细，红亮，像"竹子节"。茶叶色泽乌润砂绿较细，香气高长馥郁或浓郁，类似栀子花香，滋味醇厚鲜爽带回甘，略带有蜂蜜味道，汤色金黄，叶底柔软黄绿，红边明。叶张稍长稍绿，椭圆形，主脉较细并显白色，俗称"白龙骨"。

3.黄金桂

又名"黄旦"，首批国家级茶树良种，原产于安溪虎邱罗岩，无性系品种，植株小乔木型，中叶类，早芽种。树姿半开展，分枝较密，节间较短；叶片较薄，叶面略卷，叶齿深而较锐，叶色黄绿具光泽，发芽率高；能开花，结实少。适应性广，抗病虫能力较强，单产较高。适制乌龙茶，也适制红、绿茶。制乌龙茶，香奇味佳，独具一格。黄金桂制成的乌龙茶，外形条索细长、尚卷曲或幼结圆紧，体态稍轻飘，色泽翠黄绿或赤黄绿。香气高强，优雅清奇，似桂花香、水蜜桃或梨子香，素有"透天香"之称，滋味清醇细长鲜爽，汤色金黄或清黄，叶底黄绿软亮，红边尚鲜红，叶张尖薄、主脉明显、叶齿稍锐。

4.毛蟹

首批国家级茶树良种，原产于安溪大坪福美，灌木型，中叶类，中芽种。树姿半开展，分枝稠密；叶形椭圆，尖端突尖，叶片平展；叶色深绿，叶厚质脆，锯齿锐利；芽梢肥壮，茎粗节短，叶背白色茸毛多，开花尚多，但基本不结实。育芽能力强，但持嫩性较差，发芽密而齐，树冠形成迅速，成园较快，适应性广，抗逆性强，易于栽培，产量较高。适制乌龙茶；制红、绿茶、白茶，毫色显露，外形美观，品质尚佳。毛蟹制成乌龙茶，其外形条索紧卷结实略称重或圆结略沉重，白毫显露，色泽乌绿稍带光泽，砂绿细而不明显，香气清爽高长，清花香明显，滋味清醇略厚，汤色清黄或金黄，叶底黄绿柔软，叶齿深密、锐，呈倒钩状。

5.梅占

首批国家级茶树良种，梅占茶原产安溪芦田三洋，植株小乔木型，大叶类，中芽种。树姿直立，主干明显，分枝较稀，节间甚长；叶长椭圆形，叶色深绿，叶面平滑内折，似汤匙状，叶肉厚而质脆，叶缘平锯齿疏浅。芽叶的持嫩性较差，所以制作乌龙茶时应嫩采、重晒、轻摇，以使发酵充分，青辛味散发转为清香。其品质特征：条索肥壮卷曲或圆结，色泽乌绿或乌褐稍带暗红色，香气浓郁，略带辛香，似梅花香或梅子味；汤色橙黄或深黄，滋味浓厚饱满，茶汤中略带茉莉花味，叶底叶张硬挺，红边明显。梅占的适制性广，可加工白茶、红茶与绿茶，也需嫩采。制成的红、绿茶，具有独特花香且滋味醇厚。

6.大叶乌龙

首批国家级茶树良种，原产安溪长坑珊屏，无性系品种，植株灌木型，中叶类，中芽种。树姿半开展，分枝较密，节间尚长，叶呈椭圆形或近倒卵形，尖端钝而略突，叶面内卷呈弧状，叶色暗绿，叶厚质脆，叶齿较细明，嫩梢肥状。适应性广，抗逆性强，耐旱又耐寒，育芽能力强，产量较高。大叶乌龙制成乌龙茶，条索肥壮卷曲，略似铁观音，色泽乌绿稍润，砂绿较粗，香气清平，略带淡淡的焦糖香或米汤香，滋味浓厚略甘鲜，汤色金黄，叶底软亮，用手轻搓易破损。大叶乌龙以制乌龙茶为佳，绿茶次之，红茶尚可。

7.奇兰

安溪的奇兰有竹叶奇兰、慢奇兰、金面奇兰等多种，原产安溪西坪，无性系品种，植株灌木型，树势半开展，分枝较密，叶片水平着生或部分下垂，叶形有长椭圆形、椭圆形，叶尖渐尖略下垂，叶片略面折，叶面平滑，叶缘平整，叶齿尚浅，侧脉明。其制成的乌龙茶品质，条索细瘦，稍沉重，有的稍尖梭，叶蒂小，叶肩窄，枝身较细，少量枝头皮不整齐，乌绿色，尚乌油润，砂绿细而不明显。香气清高，似兰花香，有的似杏仁味，有似枣味，滋味清醇甘鲜，汤色清黄或橙黄，叶底叶脉浮白，稍带白龙骨，叶身头尾尖如梭形，叶面清秀。

8.金观音

又名茗科1号，代号204。是以铁观音为母本，黄金桂为父本，采用杂交育种法育成的无性系新良种。通过国家级茶树良种审（认）定。遗传性状偏向母本铁观音。灌木型，中叶类，早生种。植株尚高大，树姿半开张，分枝较多，发芽密度大且整齐，持嫩性强，叶色深绿，芽叶色泽紫红，茸毛少，嫩梢肥壮，叶质尚柔软，产量高。抗逆性强，适应性广，制优率高。金观音制作的乌龙茶，外形紧结重实，色泽砂绿润，香气馥郁幽长，带有明显的桂花香，滋味醇厚回甘，音韵略显，汤色金黄清澈，叶底肥厚软亮，品质优异稳定。金观音适制性广，制乌龙茶最佳。

小·贴士：如何正确选购铁观音茶叶

铁观音是家喻户晓的中国名茶，以形美、香高、味醇见长。本书介绍一些简单的购买攻略，仅供读者参考；

一、选择正确的购买渠道

茶叶一般通过专卖店、商场、批发市场、超市、网店、专柜、电视购物等渠道销售，正规销售渠道对供应商有较完善的管理规定，并接受国家有关部门的监管，消费者合法权益受保护，因此，建议消费者从正规渠道选择购买铁观音。

二、注意茶叶包装上的食品标签

按照国家相关规定，食品包装标签必须标示以下内容：①食品名称；②配料表；③日期标示（生产日期、保质期）；④净含量和规格；⑤生产者、经销者的名称、地址和联系方式；⑥贮存条件；⑦食品生产许可证编号；⑧产品标准代号；⑨质量（品质）等级；⑩食用方法。

三、鉴赏铁观音的基本要领

按照国家标准，铁观音茶叶应品质正常，无异味，无霉变，无劣变；应洁净，不得夹杂非茶类物质，这是选购铁观音产品的基本要求。

而评判铁观音茶叶质量的好与差，主要借助视觉、嗅觉、味觉和触觉，采用一看、二闻、三摸、四尝来确定茶叶质量。所谓一看，就是看茶叶的外形，包括茶的形态、色泽、嫩度、匀度和汤色。二闻，就是闻茶的香气，采用干闻和泡茶后湿闻相结合的方法进行。三摸，就好似摸茶叶的身骨，重实与轻飘，光洁与粗糙，以及用手研磨，估量茶叶水分的高低等。四尝，就是选购茶叶时，凡"拿不准"，不妨泡一杯，尝一尝滋味。

专业的评茶师是怎样根据国家标准科学审评铁观音呢?

备好专业的茶叶审评用具（一般选择白瓷盖碗和白瓷茶杯等），称取5 g茶叶，加110 mL水，茶水比例为1：22，分2分钟、3分钟和5分钟三次冲泡审评。安溪铁观音感官审评分为干看外形、湿评内质两部分。审评顺序一般为赏外形（色泽、紧结度、匀整度、净度）、嗅香气（先嗅香气的纯异、浓强度、香型；再嗅香气的粗细度、清纯度和鲜活度；最后嗅香气持久度。嗅香气要前后连贯，综合分析）、看汤色（颜色、明亮度、清浊度）、尝滋味（鲜爽度、醇厚度、回甘度，并对观音韵有无和强度进行判断）、评叶底（柔软度、肥厚度）。最后，评茶师根据以下评分表做综合评判。

铁观音感官品质各因子权数表（单位：%）

外形	香气	汤色	滋味	叶底	总分
20	30	5	35	10	100

此外，2016年增补了陈香型铁观音的国家标准。陈香型铁观音被安溪茶人亲切地称为"老铁"。在老茶家族里，老铁不仅具有大部分老茶的保健功效，口感还很好，好喝又管用。但是，还有部分茶友对"老铁"比较陌生。那么，如何选购一泡好的"老铁"呢?

1.看色泽。随着年份增加，"老铁"干茶和叶底色泽越来越乌褐，汤色越来越深红；上好的"老铁"汤色深红透亮有层次感。

2.闻香气。随着年份的增加，"老铁"陈香特征且越来越明显，有木香、药香、仙草香、樟木香等各种陈香，而品种的自有香气和原本滋味趋向纯净。

3.尝滋味。"老铁"入口要顺滑，醇和回甘有音韵和带有果酸味是高端"老铁"的特征，切记不要选择含有霉味、尘土味、杂味或者酸馊味的"老铁"。

4.看叶底。上好的"老铁"叶底乌褐柔软、匀整软亮，可以感触到原料的质量高低。

总之，"老铁"的好坏与原料、工艺、年份都息息相关，一泡好的"老铁"，是好的铁观音原料在独特的贮存工艺条件下，贮存一定年份而形成的。"老铁"具体年份难以通过品尝准确判断，只能通过长期经验积累来大致判断年份的长短，具体年份还需根据包装封条等客观因素进行综合判断。任何一种老茶，品饮的前提都是要干净卫生，因此选购时要注意观察干茶，看其表面是否洁净、发霉、有异杂物，冲泡出来的香气是否有自然陈香，茶汤是否清澈、透亮，叶底是否柔软等。

安溪铁观音风味轮

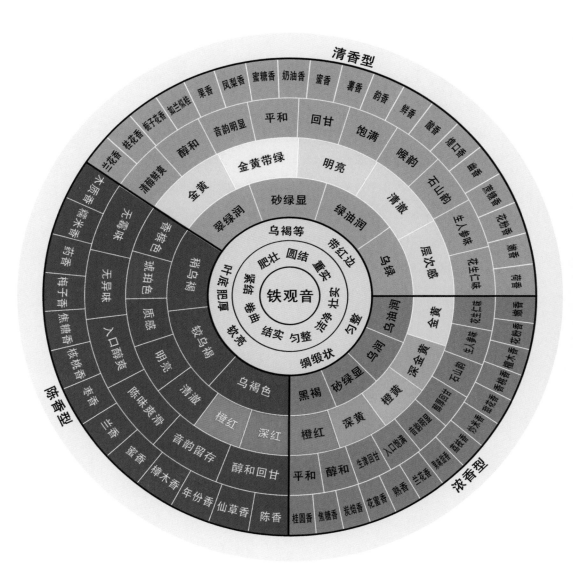

铁观音传统制作技艺

第四章

茶魂：观音成金，
修心养身

从日本的乌龙茶热，到铁观音席卷全国；从安溪的长寿村，到常饮铁观音人群的健康观察。我们不约而同地说，安溪铁观音，好喝一身轻，越喝越年轻。

著名茶叶专家刘仲华教授说，在他从事茶叶科学研究的几十个年头里，始终被安溪铁观音优秀的品种基因、独特的加工工艺和品质韵味深深吸引。安溪铁观音有太多的科学奥秘值得去探究。从2016年开始，他联合多家国家科研机构，采用现代分析仪器，系统检测了安溪铁观音的品质成分、功能成分和质量安全成分，采用细胞生物学、分子生物学、现代药理学的新理论与新技术手段，研究探讨安溪铁观音的降脂护肝、调降尿酸、调理肠胃、抗炎清火、延缓衰老等独特健康功效及其作用机理，科学诠释了安溪铁观音的保健养生作用。

1

长寿村里长寿茶

在安溪，乃至闽南语地区，操着闽南语的当地人，常会泡着安溪铁观音，对陌生人来一句"蛺蝶啊——"别误会，这不是惊讶你的翩翩而来，而是热情地邀请你一起"吃茶"。

在闽南，在安溪，你会见到大人小孩口中的阿公阿嬷，即使再年迈，也大都是一副精瘦却两眼炯炯有神的姿态，闽南人不服输更不服老。在中国各大城市平均寿命排行榜中，福建人高居榜首，而长寿之乡安溪的平均寿命数更是比其他地区高出一截。有人甚至怀疑，闽南安溪人多长寿，是不是有什么特别的"神仙术"？事实上，闽南人长寿的秘密全在饮食结构里。

没有哪个地方像福建安溪这样爱喝茶。不少闽南安溪百岁老人都有日日喝安溪铁观音的习惯。至2016年，安溪有百岁老人69人，90岁以上的有2500多人，80岁以上的近3万人。统计数字表明，安溪人平均年龄比泉州全市高出1.86岁。

2014年5月24日，中央电视台四套《走遍中国》栏目，播出安溪专题节目《添寿福地——安溪》，以安溪县三位长寿老人为代表，讲述老人各自特殊的长寿法宝，从地理环境、气候条件、特色饮食分析当地老人长寿的原因。事实上，安溪长寿老人身上蕴含着很多与茶、与安溪铁观音息息相关的秘笈。

在百岁来临之际出版了个人画集的魁斗镇凤山村陈省老人，平日酷爱画画，拿起桌上的彩色笔，无需思考构图，便能娴熟地勾勒起线条，不

● 煮水论茶

● 90高龄老茶人苏近

久，一幅栩栩如生的花草图便跃然纸上。她说喝茶画画，即简单生活。陈省老人爱喝清香型铁观音，可以说是"不可一日无茶"，一天最少也得喝上两三泡。

出生于1913年的西坪镇南岩村林妹老人，已逾百岁。她曾到香港游玩，坐动车去温州，还是个登山达人。家人带她去全国各地旅游，她一口气爬了大屿山、雁荡山，还计划去贵州登山。儿子王金器说，母亲一贯喜喝茶，一泡茶可以由浓喝到淡，直至无味。

蓬莱镇联中村的百岁老人陈阁，同样嗜茶。每天早晨5点半，老人都会准时起床，坐在院子里的高背椅上，跷起二郎腿，端起自己的小茶杯，喝着晨茶，配食绿豆饼。1914年出生的参内乡镇中村廖肯老人口齿清晰，一日无茶便不欢喜，她早晨6点左右起床，一定先泡浓茶喝，每天晚上还要起床喝两三次茶。

感德镇槐川村高龄老人苏近，90多岁还能自己洗衣做饭，还能下地干活，做得一手地道的闽南菜。在几十年的老房子里，她经常会炒铁观音蜜茶。除了自己喝，也时不时送给邻里一些。在她90岁生日之际，她自炒蜜茶的视频，在央视乡土栏目播出。

100岁的尚卿乡科名村叶理老人，拣起茶梗来两手交替，速度一点也不比年轻人慢。长坑乡长坑村高龄老人苏忠培，时常"秀"自己炉火纯青的工夫茶泡饮技艺。官桥镇吾宗村高龄老人陈辛舟精神矍铄，喜用大壶泡茶，每天要喝两三壶，开口即来的一首《陈三五娘》，唱得抑扬顿挫、有板有眼，赢得一片叫好……说起老人们的长寿秘诀，总绕不开一个"茶"字。

喝茶，真的是茶乡寿星的长寿秘诀之一吗？答案是肯定的。在闽南地带，依然保存着这样的说法：七十七岁称喜寿，八十八岁称米寿，九十九岁称白寿，一百零八岁称茶寿。由此可见茶与长寿的渊源。在闽南安溪，

● 闽南古厝里晒青

每个成年人平均一年大约要喝掉5公斤的安溪铁观音。

早在2008年之前，福建中西医结合研究院副院长彭军对安溪铁观音延年益寿的功效就作过科学解释。彭军认为，安溪铁观音独特的品质和优良的"长寿密码"是由其生化成分决定的，安溪铁观音中多酚类化合物，特别是酯型儿茶素具有很强的氧化性和生理活性，是人体自由基的清除剂，其清除效率可达百分之六十以上，因此常饮安溪铁观音能够起到抗衰老作用。

安溪茶学院院长林金科则用科学数据解读安溪铁观音的长寿密码：长期饮用安溪铁观音有利于降低人体血糖、血脂，保护肝脏，提高抗氧化能力，在某种程度上对癌症有一定的抑缓作用。林金科表示，多年的医学科学试验证明，安溪铁观音的养生保健作用显著。

健康专家的铁观音
研究成效

$Pink$ lady，日本70年代中期最红的女子二人组合，创造了35年都长久不衰的"金曲"，她们的作品成为一代代日本人的音乐灵魂。在该组合活跃的4年7个月的时间里，在被媒体问及保持苗条身材的秘诀时，她们坦言说是喝乌龙茶喝出来的。而在同一时期的日本巨星山口百惠，同样开诚布公地宣称，乌龙茶有减肥美容效果。

日本明星的坦言让很多日本人对乌龙茶趋之若鹜。1982年，时任国家副主席的王震赴日参加中日邦交十周年庆典时，将乌龙茶作为国礼，赠送给田中角荣等日本政要。从此，日本刮起"乌龙茶热"，铁观音在日本家喻户晓，乌龙茶的进口数量，从二十世纪七十年代末的年均2吨上升到1985年的10000多吨。

二十世纪八十年代初，日本开发了罐装乌龙茶水，在常温下保存半年不变质的易拉罐装乌龙茶在日本国内流行，产品一摆上日本商店、超市柜台，就广受日本人，尤其是年轻人的青睐。从那时起，中国每年销往日本的20000多吨乌龙茶中，大部分都是用作罐装茶原料。这便是日本第二次"乌龙茶热"，这一热便是几十年，像Pink lady所演唱的金曲一样，直至今日，依旧热度不减。

日本人迷恋乌龙茶铁观音，并非空穴来风。精于学习研究的日本人，对于选茶，也是"有备而来"。时间回溯到1977年，日本慈惠医科大学的中村治雄博士经过临床试验发现，经常饮用铁观音乌龙茶，能降低肥胖患者的胆固醇和体重。

　　而日本三井农林研究所原征彦博士在多年研究中也确认，铁观音乌龙茶的茶多酚类化合物不仅可以降低血液中的胆固醇，而且可以明显改善血液中高密度脂蛋白与低密度脂蛋白的比值。

　　1983年，日本冈山大学奥田拓男教授就曾对数十种植物多酚类化合物进行抗癌变作用筛选，结果证明，铁观音乌龙茶等茶叶中丰富的儿茶素具有很强的抗癌变活性。为此，在日本，铁观音乌龙茶，称为"减肥茶""美容茶""长寿茶"。

　　事实上，国内外对包括铁观音乌龙茶在内的茶叶对人体的健康功效研究从未间断过。著名茶人骆少君还专门编辑出版《饮茶与健康》的书籍，阐释古今茶叶对人体健康养生功效方面的知识。

　　近20年来，安溪铁观音的保健养生功效越来越成为各界关注的话题。2015年11月，《金陵晚报》刊发《南京专家经动物实验后发现，茶叶抗癌：乌龙第一、普洱第二、红茶第三》文章，报道南京市中医院肛肠科金黑鹰主任发现半发酵类的乌龙茶抗癌防癌效果更佳的研究成果，一时轰动业界。

金黑鹰指出，乌龙茶是半发酵类的茶，半发酵类的茶比其他品种的茶叶防癌抗癌效果更加明显。他分析说，半发酵类的茶叶在发酵过程中会产生一些特殊的保健成分，具有防癌抗癌作用；茶经过半发酵过程，转化后的二级代谢残余物中的成分也会发生作用。

安溪铁观音正是乌龙茶中的珍品，其抗癌养生功效不言自明。金黑鹰从中医角度来进一步阐释说，绿茶性凉，在夏天喝比较好；红茶性温，相对在冬天喝比较好；乌龙茶铁观音介于这两种茶之间，四季皆宜。

致力于安溪铁观音功效研究的福建农林大学安溪茶学院林金科教授，曾公开发布"不同品类安溪铁观音对预防高血脂、预防高血压、预防肝肿瘤的作用"研究成果，他以清香型、浓香型、陈香型安溪铁观音、安溪铁观音茶末、安溪铁观音速溶茶、高咖啡碱安溪铁观音速溶茶、安溪铁观音茶树鲜叶等不同品类铁观音的茶汤为材料，研究出不同品类安溪铁观音的保健功效。研究结果表明，不同品类安溪铁观音具有预防ICR小鼠高血脂和ICR小鼠高血糖发生的作用，还有降低ICR小鼠胰岛素抵抗指数的作用，同时，不同品类安溪铁观音对预防ICR小鼠肝肿瘤发生也具有一定作用。

日本三得利株式会社研究中心专家松井阳吉、杨志博认为，乌龙茶（铁观音为主）是最后一个离开中国这个具有悠久文化历史的故乡迈进世界的，虽然说东洋人西洋人对乌龙茶的了解远远不如红茶和绿茶，但人们又不能不关注乌龙茶所表现出的独特的保健机能。日本是一个崇尚西方文化的国家，日本人在追求西方文化和西方饮食生活的同时，之所以能够接受乌龙茶，不仅是因为来自乌龙茶的浓香馥郁和保健机能，也是因为日本人对茶文化的理解和感受。

　　松井阳吉等研究认为，铁观音在减肥、防癌、降血脂、抗炎症、抗过敏、防龋齿等方面有明显的保健机能。

　　国际茶业科学文化研究会常务副会长、美籍华裔研究教授王志远认为，铁观音制作技艺，介于绿茶和红茶之间，因为属于半发酵，弥补了绿茶和红茶的缺陷，不是绿茶和红茶简单的混合，而是有其特定的化学成分，不但有绿茶特有的小分子茶多酚和红茶的高聚茶多酚，还具有特有的寡聚茶多酚。研究表明，乌龙茶铁观音特殊多酚具有很强的生理活性，减肥效果相当明显。

　　福建农林大学教授孙威江研究认为，与其他茶类相比，铁观音等乌龙茶中的锰、铁、钾、钠、锌、镁、硒的含量都比较高。特别是锰高达872~1455 μg/g，浸出率也高达23.9%，如果每天饮用铁观音15 g，可补充人体需要量的50%以上。同时，铁观音芳香物质种类丰富，香气成分种类多且含量高，目前已经分析出了100多种，这些香气对愉悦身心、养生保健有积极作用。

安溪铁观音主要功能性成分

	清香型	浓香型	陈香6年	陈香16年	陈香31年		浓香型铁观音（赛珍珠）
茶多酚(%)	13.683	11.855	12.483	12.701	9.767	铁 Fe	11.49mg/100g
儿茶素总量(%)	12.122	10.824	5.774	7.033	3.386	锰 Mn	87.82mg/100g
EGC	2.486	2.240	0.828	1.264	0.305	铝 Al	581mg/kg
DL-C	1.537	1.138	0.467	0.292	0.224	铅 Pb	0.32mg/kg
EC	0.485	0.406	0.145	0.214	0.075	铜 Cu	5.0mg/kg
EGCG	3.672	3.639	2.590	3.483	1.472	锌 Zn	17.0mg/kg
GCG	3.086	2.594	1.148	0.997	0.844	硒 Se	0.091mg/kg
ECG	0.857	0.808	0.597	0.784	0.467	镁 Mg	194mg/100g
咖啡碱	2.112	1.957	2.339	2.917	3.258	钙 Ca	342mg/100g
可可碱	0.017	0.025	0.035	0.036	0.063	氟 F	140mg/kg
氨基酸总量	1.625	1.848	1.301	1.831	1.451		
没食子酸	0.104	0.116	0.432	0.379	0.428		
水浸出物	35.657	36.674	36.197	36.404	33.679		
香气组分	107	107	98	121	114		

数据来源：国家植物功能成分利用工程技术研究中心

③

三种香型安溪铁观音
保健功效最新研究成果

2016年，安溪县人民政府委托国家植物功能成分利用工程技术研究中心、清华大学中药现代化研究中心、北京大学衰老医学研究中心等机构联合开展"安溪铁观音健康功效全面研究"，研究小组首席科学家刘仲华说："我被安溪铁观音独特的加工工艺与品质韵味深深吸引，安溪铁观音产业的快速发展创造了茶叶世界一个又一个奇迹！在品种资源、加工技术、品质化学、健康功效、产业模式等方面，安溪铁观音有太多的科学奥秘值得我们去探究，我们联合国家植物功能成分利用工程技术研究中心、清华大学中药现代化研究中心、国家中医

药管理局亚健康干预实验室、教育部茶学重点实验室，以清香型、浓香型、陈香型安溪铁观音为研究对象，采用现代分析仪器，系统检测了安溪铁观音的品质成分、功能成分和质量安全成分，采用细胞生物学、分子生物学、现代药理学的新理论与新技术手段，研究探讨安溪铁观音的降脂护肝、调降尿酸、调理肠胃、抗炎清火、延缓衰老等健康功效及其作用机理，科学诠释了安溪铁观音的保健养生作用。"

（一）安溪铁观音具有显著的降脂护肝作用

现代生活中，摄入大量的高脂肪、高蛋白食物，紊乱的饮食习惯和日益加重的工作与生活压力，让我国高血脂群体的数量不断增大，患病人群不断年轻化。高血脂引发的代谢综合征及心脑血管疾病的发病率日益增多。肝脏是人体糖脂代谢的中心，健康的肝脏对预防代谢综合征十分重要。为了解证安溪铁观音的降脂护肝效果，研究者将实验小鼠分为空白对照组、高脂模型对照组、清香型、浓香型、陈香型6年、11年、16年、21年、25年、31年处理组，并分别设有高剂量和低剂量。通过28天的同等条件饲养后，各种医学生理生化指标分析表明：不同类型铁观音都可一定程度地抑制高脂食物小鼠体重增长，且高剂量比低剂量效果好，浓香型比清香型效果好，不同年份的陈香型铁观音以16年左右的效果最好。安溪铁观音可有效控制高脂食物小鼠的肝体比、降低肝脏谷丙转氨酶（ALT）和谷草转氨酶（AST）活性，有效降低血清中总甘油三酯（TG）、总胆固醇（TC）及低密度脂蛋白胆固醇（LDL-C）水平，起到显著的调节脂肪代谢、降低血脂效果；清香型降低谷丙转氨酶活性的效果更好，浓香型降低谷草转氨酶活性的效果更好；随着铁观音存放时间的延长，ALT、AST酶活性抑制力逐步增强，16年时达到最高，之后抑制效果下降；浓香型比清香型降低总胆固醇（TC）、总甘油三酯（TG）、低密度脂蛋白胆固醇（LDL-C）的整体效果好，陈香型铁观音中，16年左右的降血脂效果较好。

（二）陈香型安溪铁观音具有显著的降尿酸作用

随着人们生活水平的提高，高蛋白、高嘌呤食物的摄入量增多，痛风的群体在不断加大。研究采用腹腔注射氧嗪酸钾获得急性高尿酸血症小鼠模型，采用别嘌呤醇作为降低尿酸的治疗对照药物，研究不同年份的铁观音对高尿酸血症的影响。结果发现，尽管陈香型铁观音不能像化学药物别嘌呤醇那样十分快速地降低尿酸水平，但是，不同年份高剂量的陈香型安溪铁观音均具有不同程度的降尿酸作用，存放11年的安溪铁观音开始降尿酸的效果日趋明显，存放16~21年的效果最好，存放21年之后，一直具有显著的降尿酸效果。因为陈香型铁观音可有效抑制嘌呤代谢的关键酶黄嘌呤

抗癌症

醒酒茶烟

杀菌止痢

减肥健美

抗动脉硬化

抗衰老

提神益思

防治糖尿病

清热降火

防治龋齿

安溪铁观音
保健功效

降脂护肝：
浓香 ∨ 清香 ∨ 陈香

美容抗衰作用：
清香 ∨ 浓香 ∨ 陈香

调理肠胃作用：
陈香 ∨ 浓香 ∨ 清香

降低尿酸作用：
陈香 ∨ 浓香 ∨ 清香

抗炎清火作用：
陈香 ∨ 浓香 ∨ 清香

氧化酶（XOD）的活性，有效抑制蛋白质代谢关键酶腺苷脱氨酶（ADA）的活性，起到有效调控尿酸水平的作用。因此，对于海鲜食用量较多的地区和海鲜、啤酒的重度消费者，坚持品饮陈香型铁观音可有效降低血尿酸水平，预防或缓解痛风。

（三）陈香型安溪铁观音具有显著的调理肠胃作用

当今社会节奏加快，人们工作压力、生活压力变大，生活规律被打乱，肠胃功能不好、消化吸收不良的群体在不断扩大，尤其是便秘、腹泻的人越来越多。本研究采用下泻植物番泻叶提取物构建小鼠腹泻模型，采用禁水方式构建小鼠便秘模型，采用不同类型、不同年份的铁观音干预各组动物，研究铁观音对肠道蠕动的影响。结果发现，不同类型、不同年份

● 安溪铁观音女排

的安溪铁观音都可一定程度地抑制番泻叶引起的小鼠腹泻，11年以上的陈香型铁观音随着存放时间的延长，止泻效果不断增强，31年的陈香型铁观音具有最强的止泻作用；在便秘模型中，不同类型安溪铁观音在便秘条件下缩短首便时间的效果差异不明显，但是，不同类型的铁观音都可以不同程度地增加便秘小鼠的累计便量，且随着陈香型铁观音年份的增长，从11年起累计便量显著增加。可见，年份长的陈香型铁观音（老铁）具有显著的润肠通便作用。肠道微生物菌群分析发现，不同类型安溪铁观音均可一定程度地保护腹泻小鼠和便秘小鼠肠道的嗜酸乳杆菌数量，陈香型铁观音的效果最好，浓香型比清香型效果好；陈香型铁观音对肠道嗜酸乳杆菌的保护作用，随着存放年份增长而明显增强，25年老铁的效果达到最高点，25年以后的陈香型铁观音效果没有更明显的增进。在对腹泻和便秘模型小鼠的肠道肠球菌的抑制作用中，浓香型铁观音对肠道肠球菌的抑制作用最好，陈香型铁观音在存放11年以后对肠球菌的抑制作用不断增强，在21年左右达到最强抑制。可见，安溪铁观音是通过保护肠道有益菌（嗜酸乳杆菌）、抑制有害肠道菌肠球菌实现调理肠胃作用的。

（四）安溪铁观音具有显著的抗炎清火作用

现代社会中，人们的社交活动频繁，生活规律性不强，尤其是职场打拼一族和年轻群体，因为工作、生活、娱乐经常熬夜，饮食起居没有规律、情绪波动大，容易造成代谢失衡与内分泌失调，出现不同程度的炎症或上火。炎症是具有血管系统的生物机体对损伤因子所发生的复杂的防御反应，炎症也是许多疾病的根源。本研究采用小鼠耳部打孔损伤、二甲苯处理诱发小鼠耳廓肿胀，构建小鼠炎症模型，再用不同类型、不同年份的安溪铁观音处理炎症感染小鼠。结果发现，不同类型的安溪铁观音都具有一定的抗炎清火效果，浓香型比清香型效果好；存放11~21年的陈香型铁观音，对二甲苯引起的小鼠耳廓肿胀及毛细血管通透性增强的抑制作用明显增强，存放21年左右的达到最佳抑制效果，此后的进一步陈化，作用效果变化不明显。可见，存放20年左右的陈香型铁观音具有显著的抗炎清火作用。

（五）安溪铁观音具有显著的延缓衰老作用

衰老是生命代谢的必然规律。自由基与衰老学说是当今世界最公认的衰老理论。本研究通过安溪铁观音的抗氧化、清除自由基活性分析、对秀丽线虫模型的抗氧化应激和抗热应激能力分析、细胞模型下对紫外线（UVB）诱导的神经细胞损伤的保护作用分析，结果发现：清香型、浓香型、陈香型铁观音均有显著的清除DPPH自由基、阳离子自由基（ABTS）、羟自由基（HRSA）和超氧自由基（SRAR）清除能力及铁离子还原能力（FRAP），从而表现出显著的抗氧化活性；清香型铁观音清除阳离子自由基和铁离子还原能力表现尤为突出；陈香型铁观音在16年以前具有较强的抗氧化力，但存放超过21年后，其抗氧化能力则逐渐减弱。浓香型、清香型和陈香型铁观音均能显著提升秀丽线虫的热应激和氧化应激抵抗能力，延长秀丽线虫在热应激和氧化应激环境下的寿命，但陈香型铁观音在6~16年间才具有较强的抗衰老活性，后期的存放会降低其作用效果。在安溪铁观音抵御辐射诱导的神经细胞衰老模型中，铁观音能有效提高神经细胞中超氧化物歧化酶（SOD）、谷胱甘肽过氧化物酶（GSH-Px）活力，减少紫外损伤神经细胞中丙二醛积累，清香型比浓香型对神经细胞辐射衰老的保护作用更强，陈香型铁观音只有在16年陈化以后才表现出较强的神经细胞辐射损伤保护能力。可见，在延缓衰老作用中，清香型比浓香

型、陈香型铁观音的表现更为优越。

因此，通过上述科学研究可以确证：①三种类型的安溪铁观音均具有显著的降脂护肝作用，效果依次为浓香型>清香型>陈香型，而陈香型铁观音的作用效果在16年左右最好。②三种类型铁观音中，陈香型安溪铁观音的降尿酸作用最强，且16~21年的陈香型铁观音的效果最好。③陈香型比浓香型、清香型铁观音具有更突出的调理肠胃作用，且11年以后的陈香型铁观音的作用效果，随着年份增长而明显增强。④陈香型和浓香型铁观音具有较强的抗炎清火作用，尤以20年以上的效果最好。⑤不同类型铁观音均具有显著的清除自由基、抗氧化、延缓衰老作用，效果依次为：清香型>浓香型>陈香型。

不同的消费者，因年龄、性别、身体状况、消费习惯、消费能力不同，对铁观音茶的口感风味嗜好和健康功效需求是不同的，消费者可以根据需要选择不同类型的铁观音。

陈香型铁观音，作为安溪铁观音国家标准中的新成员，已经被越来越多的消费者关注和喜爱。它除了拥有铁观音的基本健康属性外，还表现出更强的调降尿酸、调理肠胃、抗炎清火作用。就不同年份的陈香型铁观音的各种健康功效综合表现而言，建议企业和消费者以15~20年的陈香型铁观音作为生产和消费的主流。

基于对清香型与浓香型、陈香型铁观音在调理肠胃功能上的效果比较，及以往的相关研究积累，刘仲华得出结论：有些人一味地认为"清香型铁观音伤肠胃"的观点是有片面性和不客观的。其实，发酵足够的清香型铁观音在抑制腹泻、改善便秘、调节肠道微生物结构方面，也具有一定的效果，只是效果不如浓香和陈香型铁观音明显而已。

附录：
铁观音匠人群英谱

铁观音之所以能舞动中国茶界风云，是优秀茶树基因的根脉相传，是得天独厚的自然馈赠，更是一代代匠人们的细心呵护。限于篇幅，本书无法将成千上万个与铁观音有关的精英们一一呈现，仅遴选出20位代表性匠人，以寥寥数语来展现他们的时代芳华。

1.黄清平,国心绿谷茶庄园董事长。

安溪尚卿乡黄岭村一座千米的高山上,有一座茶旅一体化的美丽茶庄园,巍峨壮观,茶树郁郁葱葱,游客络绎不绝。投入数亿元做"云端上的铁观音",打造中国"智能物联网茶庄园",真正实现"从茶园到茶杯看得见的健康",吸引国内外高端客户前来定制国心好茶,让观音雅韵不断唤起每个人那一缕乡愁记忆,让悠悠茶香持续温润每一颗不变的中国心,这是执着于科学与文化、集茶人与商人为一身的黄清平的心声。

2.陈素全,素全茶叶研究所负责人。

他出生于安溪祥华茶乡,屡次问鼎清浓陈安溪铁观音各级茶王大奖,荣获高规格茶叶审评、拼配大赛桂冠,浓香型安溪铁观音拍卖最高价(500克54万)记录保持者,获称茶王专业户。"谁动我心,素全铁观音""素全铁观音,老百姓喝得起的茶王",陈素全旨在做出最优雅最实惠的高端铁观音,挑战天下爱茶人的味蕾记忆。

3.陈两固，安溪铁观音制茶工艺大师、两固茗茶董事长。

两固，顾名思义，固根固本。这位出生于感德的淳朴茶人，用那结满厚茧的双手，记录了半个世纪的劳作艰辛。作为潜心事茶的"土专家"，陈两固深研茶园梯壁种植黄花菜、茶树修剪新技术、做青保水发酵法等铁观音产制技艺；作为福建省最美农民，他成立了"陈两固制茶大师工作室"，出版《陈两固：制茶技艺探秘》茶书，传承技艺、带徒授艺。陈两固说，天生天养、科学耕作的茶园，固氮也固肥，茶叶好喝耐泡，这是两固茗茶深受喜欢的秘籍。

4.汪健仁，安溪县有机茶协会会长、品雅有机茶庄园董事长。

以有机茶园诠释科学的态度，与大自然为伍守护晋江源。在晋江源桃源山，外界所有的热闹似乎与这里无关。十几年来，汪健仁孜孜不倦地建设品雅有机茶庄园，打造添寿福地茶文化创意产业园，细心保护当地古茶树王，执着于有机铁观音，热爱科学，重视文化，从而使品雅铁观音畅销海内外，这是给自己他热爱、敬重的大自然最美好的回馈。他说，愿意一辈子做一个安静的"现代茗士"。

5.林清娇，韵和茶叶机械董事长。

"机理服从于茶理"，这是林清娇掷地有声的心语。这位毕业于福州大学机械专业的茶机专家，从国企到自主创业，凭借扎实的理论功底，他从研发平板速包机械、茶叶真空包装机开始，先后推出普洱茶、绿茶、红茶共用的全国大型全自动茶叶生产设备生产线，并在乌龙茶铁观音加工自动化、智能化铁观音包揉机的研发上颇有建树。他有着科学工作者锐意创新的潜质，他不走寻常路，将量子暗物质的前沿科学运用到他钟爱的茶产业之中，他的心愿是让安溪铁观音飘出一份"量子茶韵"来。

6.陈加友，佳友茶叶机械智能科技股份有限公司董事长。

理论和实践相结合，传统与现代相融合，这是他的座右铭。陈加友毕业于福建农学院机械专业，集茶机研发生产和教书育人于一身，他认为，"茶机产业之于茶产业，如发动机之于汽车"，茶机的创新发展要符合现代茶产业发展。他注重研发创新，成立院士专家工作站，构建专家科技创新平台。他将佳友茶机推向海峡股权交易中心，进行挂牌交易，让佳友茶机成为"中国茶叶机械第一股"，同时他也在谋划着中国茶叶机械现代化的新模式。

7.苏清阳，祺彤香茶业董事长。

铁观音电商领域，精英辈出，而苏清阳则是优秀的代表之一。睿智、创新、执着，这是茶界对苏清阳的评价。"要做品牌的茶，做品质茶，所以当初祺彤香没有做C店，直接入驻天猫。"祺彤，是两个女儿名字的组合，文雅而吉祥，也契合铁观音的文化。经过多年创业，祺彤香成为从网络闯出来的茶乡黑马。而且，苏清阳深谙"做好传统，关键在人"的管理秘籍，成立安溪县大学生就业创业园，吸纳众才，培育安溪铁观音黄埔精英。

8.郑华山，华源茶叶合作社理事长、华源茶业董事长。

他经常接受央视等主流媒体采访，经常在各种培训会做分享。在安溪，郑华山给人的印象是做事精细，做人干脆。他说，华源的成功经验是在大型茶企的引导下，将数百户茶农连接成紧密型合作组织，统一管理，统一质量，以标准化确保铁观音品质稳定和实现食品安全，并能够满足大批量的产品需求。对于铁观音产业如何实现二次腾飞，他说，华山一条路，抱团成大树，只要茶企、茶商、茶农合作好了，条条大路通罗马。

9.陈敬敏，安溪龙涓内灶茶叶专业合作社联合社理事长、荣景茶业董事长。

他的茶，严格执行国际标准，在出口的道路上越走越宽。在龙涓内灶，历史上有叫"水云波"的古道驿站，他在此建立福建全省首家茶叶合作社联合社，与品牌茶商一起搞联合，用"互联网思维"搞"六联贯"，申请到福建省首个农民自主经营出口权，然后带着好茶"向海而生"，积极参加国内国际茶展，沿着"一带一路"，处处去"请坐奉茶"，处处讲述浓情的安溪铁观音"山海经"。

10.易长青，安溪乌龙茶研究会会长、可乐思茶业董事长。

正如他的名字一样，他说基业长青的基础是品质，而品质的基础是技艺。精于安溪铁观音"晒摇摊揉炒烘"，在茶叶烘焙领域，探索出"四波烘焙法"，通过提纯、焙香、酿醇、凝韵四烘步骤，让火入化于茶，焙出茶之甘韵，茶之浓、醇、香。他师承安溪知名老专家李宗垣，其出师代表作"妙兰香"和"十三韵"堪称经典。他始终坚信术业有专攻，功夫不负有心人的真谛。把铁观音制作技艺做到炉火纯青，是他永恒的梦想。

11.张颖聪，颖昌茶业董事长。

只要喝上张颖聪的安溪肉桂，立马就会想再品饮他的其他好茶，还恨不得将他所有的茶都带走。这位实诚、有学问的茶人很低调，也很有内涵。出生茶乡大坪的张颖聪，身为安

溪著名老茶人、原国营安溪茶厂老厂长张成璞之子，传承制茶技艺，做得一手好茶，烘焙技术曾获泉州市一等奖。而儿子张景清，作为海归学子，也投身到家业中。一泡好茶，三代茶人，家脉正传，创新之作。父子同道，将安溪肉桂系列好茶推向崭新的高度，成就小而美的特色品牌，是张颖聪一家子的追求。

12.王明水，梅轩茶业董事长。

他出生于铁观音发源地安溪西坪，这个地方成就了无数与铁观音有关的杰出精英，而他的梅轩号是祖传的茶号。从福建到广东，王明水地道的传统味让他在茶市上有口皆碑。近

几年，陈香型铁观音开始流行，从1991年收藏陈年铁观音至今，王明水手头10年以上的"老铁"收藏量达到几十万斤，他要把这些宝贝与更多的爱茶人分享。有爱茶人诗赞："梅香在骨老铁王，轩室藏宝心境明，茶韵醇厚甘润水，业界推崇众称赞。"

13.林溪水，溪水茶叶董事长、溪水生态茶庄园创始人。

他出生于安溪西坪龙地村，从种茶、做茶到卖茶，林溪水坚守了近半个世纪。他用自己的名字做品牌，是因为他和他的茶树都喝着安溪的水长大，也因为他对自己做出来的茶有足够的自信。二十世纪九十年代以来，他屡获茶王，溪水铁观音是一个时代高端铁观音的代名词；进入新世纪后，他倾出全部家当建设数百亩高标准生态茶园，以科学的态度引领着铁观音绿色发展。这位资深茶人，先后获得各级政府数十项荣誉，2016年获得全国科普惠农兴村带头人。

14.王辉荣，德峰茶业董事长，德峰茶叶专业合作社理事长，铁观音制作技艺非物质文化遗产代表性传承人。

他出生于安溪县西坪镇盖竹村，世世代代都专注在铁观音的世界里。他带领150多户社员科学改造老茶园，建立红心歪尾铁观音品种保护区，长期坚持传统铁观音的制作技艺。因为坚守，孕育出几十年不变的传统铁观音风味，广受老茶客的厚爱；因为有爱，德峰茶叶专业合作社获得国家级示范合作社的称号。

15.李丽娟，沁鸿缘茶业董事长。

这是一个地道的安溪茶女，她与无数的茶乡女一样，真诚、勤劳、善良，可在她的身上，多了一份情怀，那就是要做茶乡的巾帼英雄。多年来，她坚持这样的为茶之道：卖出去的每一泡茶都是"自己爱喝的茶"。只要有爱茶人来，她都会拿出最香的茶，招待爱茶人。好茶相伴，李丽娟显得很从容，她总结出一句广告语来自勉：真芯香待，愿君尝来。把好茶奉献天下茶客，以铁观音的灵魂与多彩的世界对话，这就是巾帼不让须眉的茶乡女子的为商之道。

16.陈金燕，两固茗茶销售总监。

她爱读书，爱文化，她把文化与铁观音融为一体，因此，她的身上有着茶文化标签。她说，每个茶人都有爱茶理由，或因茶甘甜，或因茶醇厚，或因茶的记忆。陈金燕自己说，她喜欢于清晨、午后或黄昏，冲一泡铁观音，恬淡而清心，哪怕置身于车水马龙的闹市中，也可心静如水，浸润于铁观音的兰花香之中。受此启发，陈金燕创新推出铁观音茶品"清心蜜茶"，让世代相传的配制秘方更加芬芳浓郁。

17.何环珠，惜缘茶业董事长。

在中国茶科学和茶文化的活动中，经常可以见到一位来自安溪茶乡姑娘的娇小身影，这位教师出身的茶者，为铁观音注入了更多科学与文化，她叫何环珠。何环珠的名字容易让人想到当年红遍大江南北的《还珠格格》，与电视剧里的小燕子相同，她擅思辨、喜分享。有人打趣叫她云游四海的"何仙姑"，因为她常不假思索地奔茶而去，走遍全国茶市。而一旦坐下来泡茶，这位茶乡姑娘就会显出娴熟幽雅的一面，更多人则称呼她"茶格格"。她常说这样一句话：只有家乡好了，安溪铁观音好了，我才会好，这就是我的乡愁。

18.刘秋玲，安溪县松香苑生态农业园董事长。

女人有天生的执着、细致和理性，而能够以这种态度来做事业，则是男人们所钦佩的。这位受钦佩的茶人叫刘秋玲，她在安溪"离县城最近的最美茶园"里，创设"禽—草—肥—茶"有机农业循环体系，配套养殖五黑鸡，种植本土原味果蔬，坚守"天作有机，自然农法"法则，让200多亩有机铁观音茶园基地，隐没在3000亩原生态松林中。首创健无语、自然界、妃野等有机茶品，广受称赞。

19.林海城，罗岩茶叶专业合作社理事长。

黄金桂是乌龙茶的名茶之一，作为黄金桂的守护人，他细心呵护每一棵茶树，用他自己的话说，那是一种对乡味的迷恋。对于曾经的海丝茶黄金桂，他希望在他手中，黄金桂能够以更加醇厚的滋味、迷人的味道，继续沿着"海丝"茶路，再一次唤醒华人华侨的乡愁记忆，让黄金桂走进崭新的黄金时代。

20.杨福丁、杨兴枝，梅山岩茶叶专业合作社负责人。

香高浓、回甘好、泡水长，这是梅占茶令人迷恋的地方。而可做乌龙，可做红茶，可做绿茶、可做白茶的特点，更是为其博得"百变梅占"的美名，被广泛引种到全国各大茶区。杨福丁、杨兴枝作为梅占原乡守护者，一直致力于把祖宗留下来的好茶做得更好，一代代传扬下去，让梅占茶的馨香传得更远更长。

写在后面的话

本书的主创人员都是土生土长的安溪人，与铁观音打交道数十年，对铁观音的认知和理解更加深刻。受华中科技大学出版社约著以来，笔者深入采访数十位铁观音从业者和管理者的杰出代表，踏遍安溪100多座名山，翻阅大量相关书籍和历史资料，历经400多天的努力，几易其稿，反复修改，力图用最美的文字和照片，浓缩安溪铁观音的精华故事，诠释安溪铁观音的灵魂篇章。

在中国名茶家族里，铁观音缔造了世界茶叶史的传奇。这一片小小的树叶，使得中国茶真正从"茶米油盐酱醋茶"走到"琴棋书画诗酒茶"的高度，以300年的历史和积淀，成为中国茶市的弄潮儿，引领着有数千年历史的各类名茶，加快了中国茶叶的品牌化、标准化和国际化的步伐，使得中国茶以一种全新的姿态和形式出现在世界茶人的眼中。

这样的气魄，是与安溪铁观音的品质分不开的，也是与安溪人割舍不开的。百万之众的从业人员，成千上万的精英人物，数以亿计的消费者，成就了千亿元的中国茶叶区域品牌价值。这是一幅惊心动魄的茶文化历史画卷，也是中国茶史上从未出现过的波澜壮阔的旷世奇景。

这样的安溪铁观音，说不尽，也道不完。体量太大了，故事太多了，要写的内容太多了，一本书难以容下铁观音深厚的历史和庞大的身躯，谨作抛砖引玉之用。

特别要说明的是，自二十世纪九十年代后，铁观音开始在安溪以外的地区大量种植，在这些地区也不乏有可圈可点的精彩故事，但限于篇幅，本书没有涉及，有待今后继续完善。

本书的创作，有幸得到中国工程院院士陈宗懋先生、中央电视台著名策划人黄灿红女士作序，承蒙刘仲华先生、陈剑宾先生、肖印章先生、王文礼先生、林金科先生、雷国铨先生、孙威江先生、孙云女士、陈志明先生等专家和领导的大力支持，还得到谢文哲先生、蔡建明先生、高水练先生、周爱民先生、张娴静女士、沈添土先生、苏少民先生、陈加勇先生、陈艺娜女士、林爱娥女士、陈凌文先生、陈志丹先生、何环珠女士、陈紫能先生、范承盛先生、汶波先生及摄影师叶景灿、刘伯怡、吴承接、林水碰等专业人士的倾心指导，谨表示衷心感谢！

受限于主观水平和客观原因，瑕疵难免，敬请原谅！

林荣溪　陈德进

2018年10月